주머니 속

새
도감

강창완 · 김은미 선생님은 새를 보다가 부부의 인연을 맺었습니다. 강창완 님은 새의 역동적인 모습을 카메라에 담는 생태 다큐멘터리스트로 방송을 통해 새들의 생활을 대중에게 소개하고, 김은미 님은 새를 연구 · 조사 · 기록합니다. 제주도의 '새 부부'로 잘 알려진 두 분은 1년에 300일 정도는 야외에서 새를 관찰합니다. 또 길을 잃거나 다친 새를 정성껏 돌봐 자연으로 돌려 보내며 늘 새와 더불어 삽니다. 부부는 새와 사람들이 함께 하는 아름다운 모습이 계속되기를 바랍니다.

사진 도와 주신 분

서정화 · 최종수 · 최창용 · 김진 · 김성현 · 박진영 · 심규식 · 지남준 · 강희만 · 빙기창 · 유재평 · 민동원 님께 감사드립니다.

일러두기

1. 우리 나라에 관찰 기록이 있으며, 주변에서 만날 수 있는 새 401종을 물새와 산새로 나누어 과, 국명, 영명을 밝혔습니다.
2. 일반인에게 좀더 현실적인 도움이 되도록 학명 대신 영명을 표기했습니다.
3. 개체수는 우리 나라에서 관찰되는 정도를 뜻하며, '아주 흔함>흔함>흔하지 않음>적음>희귀함>아주 희귀함'으로 나누었습니다.
4. 맹금류는 주로 생활하는 곳이 물가 근처여도 산새로 분류했습니다.
5. 먹이 습성이 다양한 경우, 주로 먹는 먹이를 소개했습니다.
6. 각 종의 생김새는 '암수의 공통된 특징－수컷－암컷－어린 새' 순서로 설명했습니다.
7. 이 책에 표기한 신체 부위와 행동에 관련된 용어는 『한국의 새』(2000)와 『한국 동식물 도감 동물편(조류 생태)』(1981)을 참고했습니다.
8. 이 책에 실은 종명과 조류 목록의 배열 순서는 (사)한국조류학회에서 발간한 『한국 조류 목록』(2009)을 참고했습니다.

생태 탐사의 길잡이 4

주머니 속

새
도감

강창완 · 김은미 글과 사진

황소걸음
Slow&Steady

펴낸날 2006년 10월 25일 초판 1쇄
　　　　 2023년 6월 10일 개정판 3쇄
지은이 강창완 김은미
만들어 펴낸이 정우진 강진영 김지영
꾸민이 Moon&Park(dacida@hanmail.net)
펴낸곳 121-856 서울 마포구 토정로 222 한국출판콘텐츠센터 420호
편집부 (02) 3272-8863
영업부 (02) 3272-8865
팩 스 (02) 717-7725
이메일 bullsbook@hanmail.net / bullsbook@naver.com
등 록 제22-243호(2000년 9월 18일)
ISBN 979-11-86821-08-4 06490

황소걸음
Slow&Steady

• 이 책의 내용을 저작권자의 허락 없이 복제, 복사, 인용, 전재하는 행위는 법으로 금지되어 있습니다.

• 이 도서의 국립중앙도서관 출판시도서목록(CIP)는 서지정보유통지원시스템 홈페이지(http://seoji.nl.go.kr)와
  국가자료공동목록시스템(http://www.nl.go.kr/kolisnet)에서 이용하실 수 있습니다.
  (CIP 제어번호 : CIP2016029295)

• 잘못된 책은 바꿔 드립니다. 값은 뒤표지에 있습니다.

새와 사람의 아름다운 공존을 꿈꾸며

우리는 항상 새를 만나기 위해 산과 들을 누빕니다. 지금은 쉽게 새를 찾고 새의 행동을 이해할 수 있지만, 처음에는 어떻게 새를 보고 어떤 장비를 준비해야 할지 몰랐습니다. 도감 하나 들고 산과 들로 나가면 쉽게 새를 만날 것이라는 기대는 우리의 생각일 뿐, 좀처럼 거리를 좁혀 주지 않는 새들을 그저 먼발치에서 바라볼 수밖에 없었습니다. 필요한 장비를 하나 둘 마련하며 새를 자세히 관찰하다 보니 궁금증도 늘어 갔습니다.

'무슨 새일까? 어디에서 살까? 어떻게 살까?'

이런 궁금증이 새를 바라보는 눈을 깊고 크게 만들었으며, 새와 관련된 많은 정보와 자료 그리고 사람들을 만나게 해 주었습니다. 무엇보다 새는 우리와 다른 사람들을 연결해 주는 매개체가 되었습니다. 새를 보면서 정말 좋은 사람들을 만났고, 그래서 더욱 새가 좋아졌으며, 새에게 고마운 마음이 생겼습니다.

'새들은 종에 따라 어떻게 다른 걸까?'

처음 새를 만날 때 가장 난감했던 점은 새들이 모두 똑같아 보인다는 것이었습니다. 당시에는 도감이 부족했고, 있어도 야외에 나갈 때 들고 다닐 엄두가 나지 않을 정도로 크고 두꺼웠기 때문에 작으면서도 많은 종이 수록된 도감이 늘 아쉬웠습니다. 새에 대한 사람들의 관심이 많아진 요즘도 야외에 갖고 다니면서 펼쳐 보기 쉬운 새 도감이 있었으면 하는 바람은 여전합니다. 처음 새를 만나고 새를 보는 눈을 키워 가는 분들께 실용적인 사진이 담긴 도감을 선물하고 싶다는 생각이 이 도감을 만든 계기입니다.

도감의 질을 높이는 데 도움을 주고 기꺼이 감수해 주신 국립환경과학원의 박진영 박사님과 이 도감을 만드는 데 자신감을 불어넣어 준 도서출판 황소걸음, 소중한 사진을 선뜻 내어 주신 많은 분들께 깊은 감사를 드립니다.

제주도의 '새 부부'
강창완 · 김은미

차례

새와 사람의 아름다운 공존을 꿈꾸며 **5**

새의 구조와 관찰 9

용어 설명 **10**
새의 구조 **11**
여름깃과 겨울깃 **12**
부리는 어떻게 생겼을까? **13**
발가락은 어떻게 생겼을까? **14**
새와 사람 **15**
새를 관찰할 때 살펴볼 곳 **16**
새 관찰 수칙 10가지 **19**

물새 21

산새 209

멸종 위기의 새들 454

찾아보기 **456**

새의
구조와
관찰

 용어 설명

 새의 구조

 여름깃과 겨울깃

 부리는 어떻게 생겼을까?

 발가락은 어떻게 생겼을까?

 새와 사람

 새를 관찰할 때 살펴볼 곳

 새 관찰 수칙 10가지

◎ 용어 설명

- **앞목** 목 앞부분.
- **옆목** 목 옆부분.
- **뒷목** 목 뒷부분.
- **머리꼭대기** 머리의 가장 높은 부분인 정수리.
- **뒷머리** 머리꼭대기부터 뒷목까지.
- **부리기부** 부리 중 눈과 가까운 부분.
- **납막** 맹금류나 비둘기류의 윗부리기부에 볼록하게 튀어나온 부분.
- **눈앞** 눈과 부리 사이의 부분.
- **턱** 부리 밑부분.
- **목** 턱 아래부터 가슴 앞까지.
- **눈썹선** 눈 위를 가로지르는 선.
- **눈선** 눈을 가로지르는 선.
- **뺨** 눈 아래부터 옆목 앞까지.
- **뺨선** 뺨에 위아래로 있는 선.
- **부척** 다리 관절부터 발가락과 연결되는 관절까지.
- **아래꼬리덮깃** 꼬리 아래쪽을 덮는 깃털.
- **몸의 윗면, 아랫면** 대체로 눈과 날개를 연결한 선을 경계로 나눈다. 등과 어깨깃, 날개, 허리 등은 윗면에 속하고, 가슴과 배는 아랫면에 속함.
- **크기** 부리 끝부터 꼬리 끝까지 수평선상의 길이.
- **이마판** 윗부리부터 이마까지 깃털이 없는 딱딱한 부분.
- **장식깃** 번식기가 되면 나타나는 화려한 깃털로, 번식기가 끝나면 사라짐.
- **번식깃** 번식과 관계 있는 깃털.
- **댕기깃** 머리에 댕기처럼 난 깃털.
- **뿔깃** 머리에 뿔처럼 난 짧은 깃털.
- **귀깃** 보통 부엉이류의 머리에 귀처럼 난 깃털.
- **깃축** 새들의 깃털을 지지하는 축.

- **어미 새** 어느 정도 자라서 깃털 색이 크게 달라지지 않으며, 번식 능력이 있는 새.
- **어린 새** 깃털 색이 많이 달라지며, 번식 능력이 없는 새.
- **길 잃은 새** 태풍이나 기상 악화 등으로 본래의 이동 경로나 서식지를 벗어나 찾아온 새.
- **나그네새** 봄과 가을에 북상 혹은 남하하다가 잠깐 들르는 새. '통과 철새'라고도 한다.
- **정지 비행** 공중에서 머리를 고정하고 빠르게 날갯짓하며 한 곳에 머물러 있는 상태.

○ 새의 구조

여름깃과 겨울깃

흰날개해오라기 여름깃.

흰날개해오라기 겨울깃.

새의 깃털은 정기적으로 바뀐다. 낡고 해진 깃털은 빠지고 새 깃털이 난다. 북반구에 사는 새들은 대부분 늦여름에 모든 깃털이 빠지고 새 깃털로 바뀌며, 봄이 되어 번식기가 막 시작되기 전에 한 번 더 털갈이를 한다. 이처럼 같은 종이면서도 여름과 겨울의 깃 색깔이 다른 경우가 있다.

여름깃은 보통 번식깃을 의미한다. 암컷은 거의 깃 색깔이 바뀌지 않지만, 수컷은 화려하거나 뚜렷한 특징을 나타내는 색으로 바뀌며, 장식깃이 생기는 종도 있다. 겨울깃은 여름깃에서 뚜렷이 보이던 특징이 거의 사라지고 깃 색깔도 옅어진다. 그러나 여름깃과 겨울깃이 같은 종도 많다.

부리는 어떻게 생겼을까?

　새의 부리는 먹이를 먹고, 깃털을 다듬는 도구다. 부리의 형태를 보고 살아가는 장소와 먹이를 잡는 방법을 알 수 있다.

　물에서 해초나 식물성 플랑크톤을 걸러 먹는 오리류는 부리가 넓적하고, 가마우지류처럼 물고기를 먹는 새들은 부리 끝이 갈고리 모양이라 한번 잡은 물고기는 놓치지 않는다. 작은 새나 쥐를 잡아먹는 황조롱이 같은 맹금류는 부리가 날카로워 살점을 뜯어 먹기에 적합하다. 도요류의 부리는 진흙 갯벌을 쑤시면서 수서곤충 같은 먹이를 찾기에 좋다. 저어새류는 물 속이나 모래밭을 주걱 모양 부리로 저으면서 물고기나 모래밭에서 튀어나오는 갑각류를 먹는다. 뒷부리장다리물떼새 같은 종류는 위로 휜 부리를 이용해 물 속을 휘저으며 휜 부분에 걸린 먹이를 먹는다. 백로류는 뾰족하고 날카로운 부리로 얕은 물에서 물고기를 잽싸게 낚아챈다.

씨앗을 까 먹는 작은 산새들은 부리가 작고 두꺼우며 단단하다. 솔방울 속의 씨앗을 꺼내 먹는 솔잣새류는 엇갈린 부리 끝이 뾰족하다. 솔딱새류는 부리가 넓적하여 날아다니는 작은 곤충을 낚아채기에 적합하다. 이외에도 부리의 형태는 다양하다.

◉ 발가락은 어떻게 생겼을까?

새의 발가락은 보통 네 개다. 그러나 발가락이 세 개인 새들도 있어 이들의 이름에는 '세가락'이 붙는다. 새의 발가락 모양은 부리와 마찬가지로 살아가는 장소나 먹이에 따라 다양하다.

물에 사는 새들 중 오리나 갈매기류처럼 물갈퀴가 있는 종류는 헤엄치기에 적합하고, 물갈퀴가 없는 종류는 발가락이 가늘고 길어 물에 떠 있는 물풀 위를 걸어다니기에 적합하다. 나무에 사는 새들은 나뭇가지를 잡기에 좋도록 발가락이 가늘고 발톱이 발달했으며, 맹금류는 날카로운 발톱으로 새나 물고기를 잡아 놓치지 않는다. 번식기 외에는 대부분 하늘을 날면서 보내는 군함조류는 날개 길이가 거의 2m에 달하지만 발가락은 5cm 정도로 아주 짧다. 반면 물꿩류 중에는 크기가 30cm 안팎이지만, 발가락은 20cm가 넘는 것도 있다.

진흙이나 모래밭에서 종종 새 발자국을 볼 수 있는데, 어떤 새들이 무엇을 하다 이 곳에 흔적을 남겼을까 곰곰이 생각해 보는 것도 새의 생활을 이해하는 좋은 방법이다.

◎ 새와 사람

새를 사람과 비교하면 외형은 무척 다르지만 먹이를 먹고, 살기 좋은 곳으로 이동하고, 사랑하는 짝을 만나 새 생명을 낳으며, 정성을 다해서 키우는 모든 과정은 사람과 별반 다르지 않다.

사람에게 입이 있듯이 새에게는 부리가 있다. 부리와 입은 모양이나 먹는 형태가 다르지만, 먹는 기관으로 생명을 유지하는 기능을 한다는 점은 같다. 사람이나 새나 눈이 두 개다. 그러나 새는 시력이 발달해서 사람보다 멀리, 자세히 볼 수 있다. 사람의 목에 성대가 있듯이 새의 목에는 울대가 있다. 사람들은 성대로 다양한 뜻이 있는 소리를 내지만, 새는 울대로 몇 가지 안 되는 뜻의 반복적이고 단조로운 소리를 낸다. 하지만 새나 사람이나 소리를 이용해 의사 소통을 한다는 점은 같다.

사람이 옷으로 몸을 덮듯이 새는 깃털로 몸을 덮는다. 사람에게는 팔이 있고, 새에게는 날개가 있다. 새나 사람이나 다리가 두 개다. 사람은 아기를 낳고, 새는 알을 낳는다. 사람이 뱃속에 품은 아기가 태어나면 온갖 정성을 쏟아 키우듯이 새들도 알을 정성껏 품어 새끼가 나오면 부지런히 먹이를 물어다 주며 키운다. 사람과 새 모두 새 생명을 위해 고귀한 희생을 마다하지 않는다.

자연이라는 테두리 안에서는 새나 사람이나 같은 생명체로, 서로 의지하며 살아야 한다. 새만이 존재하는 자연을 상상할 수 없듯이, 사람만이 살아가는 자연 또한 상상하기 끔찍한 일이다. 새와 사람은 같이 가야 할 친구다.

● 새를 관찰할 때 살펴볼 곳

새를 구별할 때 보통 전체적인 색깔을 보지만, 처음 새를 접하는 사람들에게는 모두 똑같아 보이는 경우가 많아 구별하기 어렵다. 새의 구조를 꼼꼼히 보고 기록하는 습관을 들이면 새를 구별하는 데 도움이 될 것이다.

크기
참새, 지빠귀, 비둘기, 까마귀, 갈매기, 오리, 기러기, 두루미 등 크기별로 대표 종을 선정해 '참새보다 크다, 비둘기보다 작다' 등으로 비교한다.

전체 형태
가늘다, 통통하다, 머리와 꼬리가 가늘고 몸통은 통통하다, 꼬리 쪽으로 가늘어진다 등 전체 형태를 기록한다.

몸빛

먼저 몸에서 가장 눈에 띄는 색깔을 살펴보고, 차츰 작은 부분의 색깔을 관찰한다.

깃털

뻣뻣한지 부드러운지, 부리기부에 가는 깃털이 있는지 없는지, 장식깃이 있는지 없는지 등을 살펴본다.

날개

길이가 긴지 짧은지, 폭이 넓은지 좁은지, 끝이 좁아지는지 넓어지는지 등을 살펴본다.

꼬리

긴지 짧은지, 끝이 둥근지 직선인지, 펼쳤을 때 제비 꼬리형인지 둥근 부채형인지, 꼬리에 비해 날개가 긴지 짧은지 등을 살펴본다.

다리

색깔, 길이 등을 기록한다.

발가락

색깔과 길이, 발톱의 길이를 기록한다.

부리

색깔, 길이, 휘었는지 직선인지, 위로 휘었는지 아래로 휘었는지, 가는지 굵은지 등을 살펴본다.

눈앞

눈앞 피부가 노출되었는지 아닌지, 어떤 색깔을 띠는지 등을 살펴본다.

눈테

눈테가 분명한지 불분명한지, 어떤 색깔인지 등을 살펴본다.

장소

물 위에 있는지, 나무에 있는지, 바다에 있는지 등 관찰한 장소의 환경을 기록한다.

행동

먹이를 먹는다면 어떻게 먹는지, 쉬고 있다면 어떤 자세로 쉬는지 등 관찰할 때 새의 행동을 그대로 기록한다.

관찰 시기

관찰한 계절, 시간, 날씨 등을 꼼꼼히 기록한다.

기타

생김새의 특이한 점, 까닭을 알 수 없는 행동 등 궁금한 점도 기록한다.

● 새 관찰 수칙 10가지(환경부 발표)

1. 대화는 소곤소곤, 걸음걸이는 살금살금

새들은 소리에 민감하기 때문에 이상한 소리가 들리면 매우 불안해합니다. 정숙한 관찰자가 더 많이 볼 수 있습니다. 시끄럽게 떠들거나 함부로 뛰어다니면 안 됩니다.

2. 녹색이나 갈색 옷이 좋아요

새는 사람보다 시력이 8~40배나 좋습니다. 원색 옷은 새를 자극하고 스트레스를 주므로, 여름에는 녹색, 겨울에는 갈색 옷을 입어 주변 환경과 잘 어울리도록 하는 것이 바람직합니다.

3. 가까이 가지 마세요

새들은 우리가 가까이 갈수록 위협을 느낍니다. 산새는 20m 이상, 물새는 50m 이상 떨어져서 관찰해야 합니다. 새를 자세히 보고 싶으면 쌍안경을 준비하는 것이 좋습니다.

4. 새가 사는 주변 환경을 보호해 주세요

새들은 살던 곳의 풀이나 나무가 훼손되면 다시는 그 곳을 찾지 않습니다. 풀꽃이나 덩굴 등을 밟지 않도록 조심해야 합니다. 또 산딸기, 머루, 다래와 같이 새들의 먹이가 되는 열매를 함부로 채취하면 안 됩니다.

5. 둥지는 있는 그대로

둥지나 그 속에 있는 알을 만지면 부화되지 않습니다. 둥지에 있는 풀이나 나뭇가지도 그대로 두어야 하며, 번식기에 번식지에 출입해선 안 됩니다.

6. 우르르 몰려다니면 무서워요

사람들이 모여 있으면 새들이 금방 알아차립니다. 함께 움직이는 인원은 3~5명이 적당하며, 사람이 많을 때는 여러 그룹으로 나누어 움직이는 것이 좋습니다.

7. 돌을 던지면 큰일나요

새가 날아오르는 장면을 보기 위해 돌을 던지면 새들이 화들짝 놀랍니다. 고니는 한 번 날아오를 때 30분 동안 먹은 에너지를 소모한다고 합니다. 돌을 던지거나 위협적인 행동을 하는 것은 절대 금물입니다.

8. 사진 찍을 때 조심하세요

플래시를 사용하면 새들이 스트레스를 받습니다. 좋은 사진을 찍으려는 욕심에 너무 가까이 가도 안 됩니다. 사진 찍을 때는 몸을 숨기고 조용히 찍어야 합니다.

9. 쓰레기를 버리지 마세요

우리가 버린 쓰레기는 새들에게 피해를 줍니다. 무심코 버린 줄에 발이 묶이거나, 쓰레기를 먹고 죽는 새도 있습니다. 쓰레기는 봉투에 담아 집으로 가져가세요.

10. 자동차는 싫어요

자동차는 시끄러운 소리가 나고 눈에 잘 띄며, 자동차 바퀴 때문에 서식지가 파괴되기도 합니다. 차량은 허용된 도로와 주차장을 이용해야 합니다.

물새

ㅇ물 위에서 쉰다.

개리 Swan Goose

기러기류 가운데 큰 종에 속한다. 머리와 뒷목은 뺨이
나 앞목과 경계가 뚜렷하다. 부리가 검고, 다른 기러
기류에 비해 몸빛이 밝아 보인다. 개체수가 감소하여
세계적으로 보호 받는다. 천연기념물 325-1호로, 현
재 사육되는 거위의 조상이다.

오리과

크기 81~94cm
사는 곳 강 하구, 논,
　　　　　 저수지
나타나는 때 겨울
먹이 수생식물, 풀
개체수 적음

ㅇ부리 끝이 주황색이다.

오리과
크기 78~90cm
사는 곳 호수, 저수지, 강, 농경지
나타나는 때 겨울
먹이 풀 줄기, 낟알
개체수 흔함

큰기러기Bean Goose

가족 단위로 무리지어 겨울을 난다. 부리는 검고 끝이 주황색이다. 쇠기러기와 달리 배에 검은 줄무늬가 없다. 날아오를 때는 활주하지 않고 곧바로 떠 오른다. 비행 중에는 머리를 앞으로 향하고 다리는 배에 붙이며, 'V 자형'으로 줄지어 날아간다.

ㅇ얕은 물에서 먹이를 찾는다.

회색기러기Greylag Goose

기러기류 가운데 큰 편이다. 몸은 회색을 띠는 갈색이고, 분홍색 부리와 다리가 특징이다. 윗부리기부에 가늘고 흰 띠가 있는데, 먼 곳에서는 잘 보이지 않는다. 어린 새는 부리와 다리 색이 연하다. 가을걷이가 끝난 논에서 낟알을 주워 먹거나 땅을 파서 풀뿌리를 먹기도 한다.

오리과

크기 80~86cm
사는 곳 강, 저수지, 논
나타나는 때 불규칙함
먹이 풀, 새순, 낟알
개체수 아주 희귀함

○ 이마에 흰 줄무늬가 있다.(위)
○ 배에 검은 줄무늬가 있다.(왼쪽)
○ 무리지어 먹이를 먹는다.(오른쪽)

오리과

크기 65~76cm
사는 곳 저수지, 강, 농경지
나타나는 때 겨울
먹이 풀, 뿌리, 낟알
개체수 흔함

쇠기러기Greater White-fronted Goose

많은 무리가 겨울을 나기 위해 우리 나라로 온다. 부리는 노란빛이 도는 분홍색이고, 이마에 흰 줄무늬가 뚜렷하다. 몸은 어두운 갈색을 띠며, 배에는 굵고 검은 줄무늬가 있다. 머리를 돌려 등의 깃털에 파묻고 자며, 사람이 접근하면 목을 곧추세우고 경계한다.

ㅇ이마의 흰 띠가 특징이다.

흰이마기러기Lesser White-fronted Goose

기러기류 중에서 가장 작은 종이며, 이마의 흰 띠가
머리꼭대기까지 이어진 것이 특징이다. 어린 새는 이
띠가 없어 쇠기러기와 혼동하기 쉽지만, 쇠기러기에
비해 몸집이 작고 노란 눈테가 좀더 뚜렷하다. 쇠기러
기 무리에 섞여 있는 것이 눈에 띈다.

오리과	
크기	53~62cm
사는 곳	농경지, 저수지, 습한 풀밭
나타나는 때	불규칙함
먹이	풀, 뿌리, 낟알
개체수	희귀함

○ 몸이 흰색이라 큰기러기와 뚜렷이 구별된다.(위)
○ 다른 기러기 무리에 섞여 겨울을 난다.(아래)

오리과

크기 66~78cm
사는 곳 강, 저수지, 농경지
나타나는 때 겨울
먹이 낟알, 수생식물
개체수 희귀함

흰기러기Snow Goose

이름에서 알 수 있듯이 몸빛이 희고, 날개 끝은 검으며, 부리와 다리는 분홍색이다. 다른 기러기 무리에 섞여 1~2마리가 우리 나라에 온다. 어린 새의 몸은 회색을 띤다. 흰기러기를 알비노(색소 결핍으로 몸이 하얘진 개체)로 오인하기도 한다.

○ 물에 한가로이 떠 있다.

캐나다기러기Cackling Goose

머리와 목이 검은색이고, 턱과 뺨이 흰색이라 선명하게 대조된다. 흑기러기와 비슷해 보이지만, 흑기러기는 목에 흰 띠가 있다. 다른 기러기 무리에 섞여 간혹 관찰된다. 외국의 경우 연못에서도 발견되며, 사람이 가까이 있어도 경계하지 않는다.

오리과

크기 61~67cm
사는 곳 강, 저수지
나타나는 때 불규칙함
먹이 풀, 수생식물
개체수 아주 희귀함

- 목의 흰 띠가 선명하다.(위)
- 쉬려고 갯바위로 나오는 모습. (왼쪽)
- 바닷가로 밀려온 해초를 먹는다. (오른쪽)

오리과

크기 55~63cm
사는 곳 강 하구,
　　　　　 바닷가
나타나는 때 겨울
먹이 해초
개체수 희귀함

흑기러기Brant Goose

몸빛이 검어 보이며, 목의 흰 띠가 인상적이다. 주로 바다나 바닷가에서 단독 혹은 작은 무리를 지어 생활 한다. 바닷가에 떠 있는 해초를 먹으며, 암초 위에서 쉬기도 한다. 천연기념물 325-2호로 지정되어 보호 받는다.

ㅇ물 위를 여유롭게 헤엄친다.

혹고니Mute Swan

우리 나라에 오는 고니류 중에 가장 크다. 눈앞에 있는 혹이 특징이며, 부리는 주황색이다. 어린 새의 몸빛은 회색이 도는 갈색이다. 우리 나라를 찾는 고니류 중 그 수가 가장 적으며, 주로 동해안 호수에서 관찰된다. 염습지나 얕은 물에서 식물을 찾아 먹는다. 천연기념물 201-3호다.

오리과

크기 150~160cm
사는 곳 호수, 강 하구
나타나는 때 겨울
먹이 식물
개체수 희귀함

o 물 위에서 쉰다. 천연기념물 201-1호다.

오리과
크기 115~130cm
사는 곳 저수지, 강, 호수
나타나는 때 겨울
먹이 식물
개체수 흔하지 않음

고니 Tundra Swan

몸빛이 희고, 부리는 검은색이며, 부리기부의 노란 부분이 큰고니에 비해 좁다. 어린 새는 몸빛이 회갈색이다. 머리를 등에 묻고 한쪽 다리를 든 채 잠을 잔다. 지상이나 수면에서 날개를 퍼덕거리고 발로 차듯이 뛰어가며, 먼 거리를 활주한다. 날아오르면 목을 곧바로 뻗고 다리는 배 뒤로 붙인다.

○무리지어 겨울을 난다.

큰고니Whooper Swan

우리가 흔히 '백조'라고 알고 있는 새다. 몸빛이 희고, 부리 끝과 다리는 검은색이며, 부리기부의 노란 부분이 넓다. 어린 새는 몸빛이 회갈색이다. 겨울에는 무리지어 생활하며, 목을 곧추세우고 수면 위를 헤엄쳐 다닌다. 긴 목을 물 속에 넣고 바닥에 있는 먹이를 찾아 먹는다. 천연기념물 201-2호다.

오리과	
크기	140~145cm
사는 곳	저수지, 강, 호수
나타나는 때	겨울
먹이	풀, 뿌리, 낟알
개체수	흔하지 않음

o 얕은 물에서 쉰다.(위)
o 무리지어 겨울을 난다.(왼쪽)
o 이마에 붉은 혹이 있다.(오른쪽)

오리과
크기 58~67cm
사는 곳 강 하구, 갯벌
나타나는 때 겨울
먹이 작은 갑각류, 갯벌 생물
개체수 흔함

혹부리오리 Common Shelduck

몸빛이 희고 머리와 날개는 검은색이라 뚜렷이 대조된다. 가슴에 굵은 갈색 띠가 있지만, 간혹 없는 개체도 관찰된다. 암수의 깃 색깔이 같고, 부리는 붉은색이며, 이마의 붉은 혹이 인상적이다. 번식기가 되면 수컷의 혹이 커지며, 혹이 클수록 암컷을 유혹하는데 유리하다.

o 물 위에서 주변을 살핀다.(위)
o 먹이를 찾아 날아간다.(아래)

황오리Ruddy Shelduck

몸빛은 전체적으로 주황색을 띠며, 꼬리와 부리, 다리
는 검다. 번식기가 되면 수컷 목에 검은 줄무늬가 생
긴다. 탁 트인 강 하구나 간척지, 농경지에 무리지어
내려앉아 먹이를 찾는다. 몸빛 때문에 '황금오리'라고
불리기도 한다.

오리과

크기 63~66cm
사는 곳 강, 강 하구,
농경지
나타나는 때 겨울
먹이 풀, 낟알
개체수 흔하지 않음

34

o 수컷은 몸빛이 화려하지만,
  암컷은 어두운 갈색이다.(위)
o 도토리를 먹으며 무리지어
  겨울을 난다.(아래)

오리과

크기 41~47cm
사는 곳 숲, 계곡, 강,
저수지
나타나는 때 1년 내내
먹이 풀씨, 열매, 곤충
개체수 흔하지 않음

원앙Mandarin Duck

활엽수림대 산간 계곡의 나뭇구멍에 둥지를 튼다. 겨울에는 200~300마리씩 무리지어 생활한다. 수컷은 짝짓기 전에 암컷을 다른 수컷에게 빼앗기지 않으려고 항상 옆에 붙어 감시하다가 짝짓기가 끝나면 떠나버리고, 암컷이 알 품기와 새끼 키우기를 모두 책임진다. 천연기념물 327호다.

o 암수가 얕은 물가에서 쉰다.
(위)
o 암컷은 부리 가장자리가
주황색이다.(왼쪽)
o 물에 떠 있는 먹이를 먹는다.
(오른쪽)

알락오리Gadwall

알락오리 수컷은 다른 오리류 수컷과 달리 몸빛이 갈
색을 띠는 회색으로 수수하다. 가슴에 난 깃털은 가
장자리가 검은색이어서 비늘 무늬처럼 보인다. 물에
떠 있을 때 약간 길어 보이는 날개의 갈색 깃이 특징
이다. 무리지어 겨울을 지내며, 간혹 목에 흰 띠가 있
는 개체도 관찰된다.

<table>
<tr><td colspan="2">오리과</td></tr>
<tr><td>**크기**</td><td>46~58cm</td></tr>
<tr><td>**사는 곳**</td><td>강, 강 하구,
저수지</td></tr>
<tr><td>**나타나는 때**</td><td>겨울</td></tr>
<tr><td>**먹이**</td><td>물풀의 잎과 줄기</td></tr>
<tr><td>**개체수**</td><td>흔함</td></tr>
</table>

○ 암컷은 몸빛이 어두운
갈색이다.(왼쪽)
○ 수컷은 머리가 청록색을
띤다.(오른쪽)
○ 바닷가에서 해초를
먹는다.(아래)

오리과

크기 46~54cm
사는 곳 강, 강 하구,
저수지
나타나는 때 겨울
먹이 식물의 잎과 줄기,
풀씨, 낟알
개체수 흔함

청머리오리Falcated Teal

수컷은 얼굴이 이마부터 머리꼭대기까지 갈색이고,
나머지 부분은 청록색이다. 머리는 나폴레옹의 모자
가 떠오르게 하며, 목에 검고 굵은 띠가 있다. 날개깃
이 길어 꼬리를 가린다. 암컷은 몸빛이 어두운 갈색으
로 수수하다.

o얕은 물에서 암수가 주변을 살핀다.

홍머리오리Eurasian Wigeon

회색 부리는 끝이 검다. 수컷은 머리가 붉은색이고, 이마부터 머리꼭대기까지 굵고 노란 띠가 있으며, 눈에서 뒷목까지 녹색 띠가 있는 개체도 관찰된다. 암컷은 몸빛이 갈색이다. 오리류 가운데 머리의 특징이 뚜렷하여 가장 쉽게 눈에 띈다.

오리과

크기 45~51cm
사는 곳 강, 강 하구, 저수지
나타나는 때 겨울
먹이 물풀
개체수 흔함

o암수가 함께 쉰다.

오리과

크기 48cm
사는 곳 바닷가,
　　　　　저수지, 강
나타나는 때 겨울
먹이 물풀
개체수 희귀함

아메리카홍머리오리American Wigeon

홍머리오리와 비슷하나 머리가 붉은색이 아니며, 눈
뒤로 녹색 눈선이 뚜렷하다. 이마부터 머리꼭대기까
지 하얗다. 주로 홍머리오리 무리에 섞여서 겨울을 나
며, 홍머리오리와 잡종으로 중간 형태 오리가 이따금
관찰되기도 한다.

o 수컷은 머리가 청록색이고, 암컷은 몸 전체가 갈색이다.

청둥오리Mallard

수컷은 머리가 광택 나는 청록색이며, 부리는 노랗다. 암컷은 몸이 노란빛을 띠는 갈색이다. 가금으로 사육되는 집오리의 조상이다. 우리 나라에서 겨울을 나는 대표적인 철새로, 최근에는 적은 수가 번식한다. 청둥오리는 새에 무관심한 사람도 알 정도로 많고, 잘 알려졌다.

오리과
크기 58~65cm
사는 곳 강, 강 하구, 저수지
나타나는 때 1년 내내
먹이 풀씨, 뿌리, 새순, 곤충
개체수 아주 흔함

○ 암수 모두 부리가 넓적하다.

오리과

크기 43~52cm
사는 곳 저수지, 강
나타나는 때 겨울
먹이 수서 무척추동물, 물풀
개체수 흔함

넓적부리 Northern Shoveler

검은 부리가 크고 넓적해서 다른 오리류와 구별하기 쉽다. 수컷은 머리가 광택 나는 청록색으로 흰 가슴과 경계가 분명하고, 암컷은 몸 전체가 갈색을 띤다. 부리 옆의 가는 털로 물을 걸러서 그 속에 있는 물풀이나 작은 무척추동물을 먹는다.

o 무리지어 겨울을 난다.

흰뺨검둥오리Spot-billed Duck

다른 오리류와 달리 암수의 깃 색깔이 거의 같다. 얼굴을 제외한 몸 전체는 어두운 갈색이며, 검은 부리는 끝이 노랗고, 다리는 주황색이다. 풀밭에 마른 풀잎과 풀 줄기로 둥지를 만든다. 암컷은 알자리에 가슴과 배에서 뽑은 솜털을 깔며, 혼자 알을 품고 새끼를 키운다.

오리과

크기 58~63cm
사는 곳 강, 강 하구, 저수지
나타나는 때 1년 내내
먹이 풀씨, 열매, 곤충
개체수 아주 흔함

42

1 알은 보통 8~12개 낳는다.　2 새끼는 솜털이 난 채로 알에서 깬다.　3 어미 새와 새끼들.

o 길고 뾰족한 꼬리가 특징이다.

고방오리Northern Pintail

오리과

크기 암컷 53cm,
   수컷 75cm
사는 곳 강, 강 하구,
   저수지
나타나는 때 겨울
먹이 물풀, 풀씨
개체수 흔함

다른 오리류에 비해 목이 가늘고 길어 보이며, 뾰족한
꼬리가 특징이다. 수컷은 얼굴과 뒷목이 짙은 갈색
이고, 암컷은 몸 전체가 어두운 갈색이다. 물에서 몸
을 거꾸로 세우고 꼬리를 하늘로 향한 채 먹이를 찾
는다.

○암수가 물 위에서 쉰다.

오리과

크기 37~41cm
사는 곳 강 하구,
바닷가, 저수지
나타나는 때 봄, 가을,
겨울
먹이 풀씨, 수서곤충
개체수 흔하지 않음

발구지Garganey

수컷은 희고 가느다란 눈썹선이 뒷목까지 이어져 다른 오리류와 쉽게 구별된다. 머리는 어두운 갈색이고, 길게 늘어진 어깨깃은 회색 바탕에 희고 검은 줄무늬가 있다. 암컷도 희미한 눈썹선이 있어 다른 암컷과 구별된다. 이동하는 봄과 가을에는 간혹 바닷가에서도 관찰된다.

45

○ 수컷의 얼굴 무늬는 노란색과 녹색, 검은색이 소용돌이치는 듯하다.(위)
○ 겨울에 무리지어 나는 모습이 장관이다.(아래)

가창오리Baikal Teal

암컷은 몸빛이 어두운 갈색이며, 부리기부에 흰 반점이 있다. 전세계에 분포하는 개체가 대부분 우리 나라에서 겨울을 난다. 서산 간척지나 해남 고천암호에서 가창오리 수십만 마리가 펼치는 군무는 세계적으로 유명하다. 무리지어 생활하기 때문에 전염병이 돌 경우 한꺼번에 사라질 위험이 있다.

오리과

크기 39~43cm
사는 곳 간척지, 강, 저수지
나타나는 때 겨울
먹이 풀씨, 낟알
개체수 흔함

46

o 암수가 먹이를 찾아 물 위를 헤엄친다.(위)
o 수컷이 기지개를 켜는 모습.(아래)

오리과

크기 34~38cm
사는 곳 강, 저수지
나타나는 때 겨울
먹이 물풀의 잎과 줄기,
풀씨
개체수 흔함

쇠오리 Eurasian Teal

오리류 가운데 크기가 작은 편이다. 수컷은 머리와
뺨, 앞목이 적갈색이고, 눈부터 뒷목까지 녹색이며,
적갈색과 녹색의 경계에 노란 줄무늬가 있다. 또 몸
옆면에 흰 가로줄이 있다. 암컷은 전체적으로 어두운
갈색이다.

o 수컷은 머리에 적갈색이 뚜렷하다.(위)
o 암컷이 물 위에서 여유롭게 헤엄친다.(아래)

흰죽지 Common Pochard

수컷은 머리가 적갈색이며, 눈은 붉은색, 가슴은 검은색이다. 암컷은 머리와 가슴이 갈색이고, 눈 주위가 흰색이며, 나머지는 회색을 띠는 갈색이다. 호수와 저수지 등에서 물에 잠긴 물풀의 줄기를 먹으려고 잠수하는 모습을 볼 수 있다.

오리과

크기 42~49cm
사는 곳 호수, 강 하구, 저수지
나타나는 때 겨울
먹이 물풀의 잎과 줄기, 열매
개체수 흔함

48

○ 흰죽지 무리와 함께 강가에서 주변을 살핀다.

오리과

크기 45cm
사는 곳 하천, 호수, 저수지
나타나는 때 겨울
먹이 물풀, 풀뿌리
개체수 희귀함

붉은가슴흰죽지 Baer's Pochard

수컷은 머리가 녹색 광택이 나는 검은색이고, 가슴은 붉은빛이 나는 갈색이다. 암컷은 몸빛이 전체적으로 어두운 갈색이고, 눈도 갈색이다. 세계적으로 멸종 위기에 놓여 보호가 필요하다.

o 수컷이 물 위에서 쉰다.(위)
o 암컷이 주변을 살핀다.(아래)

적갈색흰죽지 Ferruginous Duck

몸이 전체적으로 붉은빛을 띠는 갈색으로, 다른 흰죽
지류와 쉽게 구별된다. 회색 부리 끝에 작고 검은 점
이 있다. 배 중앙은 흰색이다. 2014년 서울 중랑천에
서 겨울을 났다.

오리과

크기 41cm
사는 곳 하천, 저수지
나타나는 때 불규칙함
먹이 물풀, 풀뿌리
개체수 아주 희귀함

○ 뒷머리의 댕기깃이 뚜렷하다.(위)
○ 무리지어 겨울을 난다.(아래)

오리과

크기 40~43cm
사는 곳 호수, 강 하구,
저수지
나타나는 때 겨울
먹이 갑각류, 수서곤충
개체수 흔함

댕기흰죽지Tufted Duck

눈이 노랗고, 회색 부리는 끝이 검으며, 뒷머리의 댕기깃이 뚜렷하다. 수컷은 흰 옆구리를 제외한 몸 전체가 검은색이며, 보랏빛 광택이 난다. 암컷은 옆구리가 어두운 갈색이고, 눈앞에 흰 반점이 나타나기도 한다. 잠수해서 게, 새우 등을 잡아먹는다.

o 수컷이 물 위에서 이동한다.

검은머리흰죽지Greater Scaup

수컷은 머리와 가슴이 검은색이고, 등과 옆구리는 흰색이며, 등에 가늘고 검은 물결 무늬가 있다. 암컷은 몸빛이 어두운 갈색이고, 부리기부의 흰 무늬가 뚜렷하다.

오리과

크기 40~51cm
사는 곳 강 하구, 바닷가
나타나는 때 겨울
먹이 무척추동물, 수생식물
개체수 흔함

o 갯바위에서 쉬는 암수.(위)
o 몸에 특이한 무늬가 있는 수컷.(왼쪽)
o 바다에서 먹이를 찾는 암컷.(오른쪽)

오리과

크기 38~45cm
사는 곳 암초가 있는
　　　　바닷가
나타나는 때 겨울
먹이 작은 물고기, 게
개체수 적음

흰줄박이오리 Harlequin Duck

바닷가에서 갯바위 사이를 헤엄쳐 다니며 먹이를 잡
는다. 수컷은 머리와 가슴이 검고, 눈앞부터 머리꼭대
기까지 흰 띠가 있으며, 옆구리는 적갈색이다. 머리와
뒷목, 가슴에 원형과 막대 모양 흰 점이 있다. 암컷은
몸빛이 어두운 갈색이며, 눈앞과 옆목에 흰 점이 있
다. 주로 강원도 동해안에서 관찰된다.

○ 수컷은 눈 주위에 흰 반점이 뚜렷하다.(위)
○ 암컷은 검은빛에 가까운 갈색이다.(아래)

검둥오리사촌White-winged Scoter

검둥오리와 비슷하게 생겨서 '사촌'이란 이름이 붙은
듯하다. 수컷은 몸빛이 검고, 눈 주위에 흰 점이 있으
며, 부리는 붉은색이고, 부리기부가 혹처럼 부풀었다.
암컷은 몸이 검은빛에 가까운 갈색이며, 눈앞과 뒤쪽
에 흰 반점이 있다. 동해안에서 무리지어 겨울을 나
며, 잠수해서 먹이를 잡아먹는다.

오리과	
크기	51~58cm
사는 곳	바닷가, 강 하구
나타나는 때	겨울
먹이	조개류, 갑각류
개체수	흔함

o물 위에서 쉰다.

검둥오리Black Scoter

오리과

크기 48cm
사는 곳 바닷가,
　　　　　먼 바다
나타나는 때 겨울
먹이 갑각류, 연체동물
개체수 흔함

먼 바다에서 겨울을 지내는 해양성 오리다. 수컷은 몸 전체가 검은색이고 부리도 검지만, 부리기부는 노란색이다. 암컷은 어두운 갈색이고, 뺨과 앞목이 옅은 갈색이다. 주로 동해안에서 무리지어 겨울을 난다.

o 물 위에서 쉬는 수컷.(위)
o 암수가 사이좋게 날아간다.(아래)

흰뺨오리 Common Goldeneye

눈은 노랗고, 부리는 검은색이다. 수컷은 머리가 녹색 광택이 나는 검은색이고, 눈앞에 흰 점이 뚜렷하다. 암컷은 머리가 어두운 갈색이며, 부리 끝이 노랗다. 잠수해서 게, 새우 등 갑각류를 잡아먹는다.

오리과

크기 42~50cm
사는 곳 바닷가, 호수, 저수지
나타나는 때 겨울
먹이 갑각류
개체수 흔함

○수컷이 물 위에서 쉰다.(위)
○암컷은 이마부터 뒷목까지 갈색이다.(아래)

오리과

크기 38~44cm
사는 곳 호수, 저수지
나타나는 때 겨울
먹이 작은 물고기,
　　　　수서곤충
개체수 흔함

흰비오리Smew

푸른빛이 도는 회색 부리가 다른 비오리류에 비해 짧고, 몸이 작다. 수컷은 몸빛이 희고, 눈과 눈앞의 검은 무늬가 뚜렷하다. 암컷은 어두운 회색 몸에 이마부터 뒷목까지 갈색이다. 잠수해서 작은 물고기나 수서곤충을 잡아먹는다.

○ 수컷. 부리 끝이 갈고리처럼 휘었다.(위)
○ 먹이를 찾아다니는 암컷.(아래)

비오리Common Merganser

붉은 부리는 끝이 갈고리처럼 휘었다. 머리에 댕기깃
이 없어 다른 비오리류와 구별된다. 암컷은 머리가 갈
색으로, 목 부분의 흰색과 경계가 분명하다. 물 위에
서 목을 뻗고 머리를 물 표면에 댄 채 먹이를 찾다가
잠수해서 잡는다. 주로 겨울에 우리 나라에 오지만,
강원도 동강에서 번식하기도 한다.

오리과

크기 62~70cm
사는 곳 개울, 호수,
　　　　저수지
나타나는 때 1년 내내
먹이 물고기
개체수 흔함

58

o 수컷은 눈이 붉고 선명하다.(위)
o 암컷은 깃 색깔이 수수하다.(아래)

오리과

크기 52~58cm
사는 곳 바닷가,
　　　　강 하구
나타나는 때 겨울
먹이 물고기
개체수 흔함

바다비오리 Red-breasted Merganser

눈은 붉은색이고, 긴 부리는 약간 위로 휜 것처럼 보이며, 뒷머리에 댕기깃 두 가닥이 있다. 수컷은 머리가 광택 있는 녹색이며, 암컷은 회색이 도는 갈색으로 목의 흰 부분과 경계가 불분명하다. 목을 쭉 빼고 눈 아래를 물에 담근 채 헤엄쳐 다니며 먹이를 찾고, 먹이를 발견하면 잠수해서 쫓아간다.

59

○암수가 물 위를 헤엄쳐 이동한다.

호사비오리Scaly-sided Merganser

머리에 길게 뻗은 댕기깃과 옆구리의 비늘 무늬가 특징이다. 눈이 검고, 붉은 부리는 끝이 노랗다. 산과 접해 있고, 바닥이나 하천변에 자갈과 돌이 깔렸으며, 유속이 빠른 내륙의 개울에서 작은 무리로 겨울을 난다. 세계적 멸종 위기종으로 보호 받으며, 천연기념물 448호다.

오리과

크기 52~60cm
사는 곳 개울, 호수, 저수지
나타나는 때 겨울
먹이 물고기
개체수 아주 희귀함

○ 등에 작고 흰 반점이 흩어져
있다.(위)
○ 몸에 묻은 기름을 떼어 내려고
깃을 다듬는다.(아래)

아비과

크기 61~65cm
사는 곳 바다, 바닷가
나타나는 때 겨울
먹이 물고기
개체수 흔하지 않음

아비Red-throated Loon

부리가 가늘고 위로 조금 휘었다. 여름깃과 겨울깃이
다르며, 우리 나라에서는 겨울깃을 볼 수 있다. 겨울
깃은 뺨과 앞목이 흰색이다. 몸 윗면은 어두운 갈색이
며, 작고 흰 반점이 흩어져 있다. 물 속에서 물고기
를 사냥한다. 다리가 꼬리 쪽에 있어 잘 걷지 못한다.

o 깃을 다듬은 뒤 날갯짓을 한다.(위)
o 물 위에서 유유히 헤엄친다.(아래)

큰회색머리아비 Black-throated Loon

회색머리아비와 매우 비슷하지만, 크고 목에 흑갈색 줄이 없는 점이 다르다. 물에 떠 있을 때 옆구리의 흰 깃털이 큰 반점처럼 보인다. 추위를 피하고 먹이를 찾기 위해 항구나 포구로 헤엄쳐 왔다가 선박에서 흘러 나온 기름을 뒤집어쓰기도 한다.

아비과

크기 63~75cm
사는 곳 바다, 바닷가
나타나는 때 겨울
먹이 물고기
개체수 흔하지 않음

○ 깃을 다듬은 뒤 날갯짓을 한다.(위)
○ 물에 떠서 주변을 살핀다.(아래)

아비과

크기 65cm
사는 곳 바다, 바닷가
나타나는 때 겨울
먹이 물고기
개체수 흔하지 않음

회색머리아비 Pacific Loon

부리가 직선이다. 목에 흑갈색 줄이 있어 다른 아비류
와 구별된다. 겨울에는 머리와 몸 윗면이 어두운 갈색
을 띠지만, 여름에는 머리가 회색으로 바뀌어 이름과
잘 어울린다.

○어린 새가 물 위에서 쉰다.

흰부리아비Yellow-billed Loon

아비류 중에 가장 크다. 연노란색 부리가 매우 크며,
위로 휘었다. 눈은 붉고, 머리는 다른 아비류에 비해
각이 졌다. 동해안에서 가끔 관찰된다. 물 속에 머리
를 넣고 헤엄쳐 다니며 먹이를 찾다가 적당한 먹이를
발견하면 잠수해서 잡는다.

아비과

크기 77~90cm
사는 곳 바다, 바닷가
나타나는 때 겨울
먹이 물고기
개체수 희귀함

○ 둥지 입구에서 어미를 기다린다.(위)
○ 어린 새의 머리에 솜털이 남았다.(아래)

슴새과

크기 48~49cm
사는 곳 먼 바다
나타나는 때 여름
먹이 물고기
개체수 흔함

슴새 Streaked Shearwater

몸 윗면은 흑갈색이고, 아랫면은 희다. 연분홍색 부리
는 끝이 갈고리처럼 뾰족하고 아래로 휘었다. 발에 물
갈퀴가 있고, 날개는 좁고 길다. 날갯짓을 하지 않고
바람을 이용해 파도를 스치듯이 날면서 먹이를 찾는
다. 제주 사수도에서 큰 무리가 번식한다. 땅 속에 굴
을 파고 흰색 알을 한 개 낳는다.

ㅇ바다 위에서 쉰다.

쇠부리슴새Short-tailed Shearwater

몸 윗면은 어두운 갈색을 띠고, 날개 아랫면은 다소 밝게 보인다. 부리는 작고 검은색이며, 날 때 발가락 이 꼬리 밖으로 보인다. 봄과 가을에 무리지어 이동하 고, 파도 위를 활공하면서 물고기 떼를 쫓는다.

슴새과

크기 42cm
사는 곳 먼 바다
나타나는 때 봄, 가을
먹이 물고기
개체수 적음

ㅇ수면 위를 날면서 먹이를 찾는다.

슴새과

크기 43cm
사는 곳 먼 바다
나타나는 때 봄, 가을
먹이 물고기
개체수 희귀함

붉은발슴새 Flesh-footed Shearwater

몸빛이 전체적으로 어두운 갈색이며, 쇠부리슴새보다 어두워 보인다. 부리와 다리는 분홍색이고, 부리 끝이 검다. 날 때 발가락이 꼬리 밖으로 보이지 않는다. 봄과 가을에 슴새나 쇠부리슴새 무리에 섞여 관찰된다.

○ 몸이 어두운 갈색이다.

검은슴새 Bulwer's Petrel

몸빛이 전체적으로 어두운 갈색이며, 바다제비보다 크다. 꼬리는 길고 끝이 뾰족한 쐐기형이다. 날 때 날개에 회색을 띠는 갈색 띠가 보인다. 2010년 제주도 바닷가에서 처음으로 관찰되었다.

슴새과

크기 26cm
사는 곳 먼 바다
나타나는 때 불규칙함
먹이 물고기
개체수 아주 희귀함

○둥지에서 알을 품고 있다.

바다제비과

크기 19~20cm
사는 곳 먼 바다
나타나는 때 여름
먹이 물고기, 갑각류
개체수 흔함

바다제비 Swinhoe's Storm Petrel

번식기를 제외한 시기를 먼 바다에서 생활하며, 바다 새 가운데 작은 종에 속한다. 몸빛은 어두운 갈색이고, 날개는 가늘고 길며, 꼬리는 약간 오목하게 들어 갔다. 전라남도 칠발도와 구굴도에서 땅굴을 파고 무리지어 번식한다. 먼 바다에서 생활하기 때문에 관찰하기 어렵다.

o 암컷은 알을 품고, 수컷은 둥지 주변을 경계한다.(위)
o 겨울깃은 앞목과 옆목에 적갈색이 없다.(왼쪽)
o 깃털을 깨끗이 하기 위해 목욕을 한다.(오른쪽)

논병아리Little Grebe

우리 나라에서 관찰되는 논병아리류 중에 가장 작다. 부리에 노란 반점이 있고, 여름에는 앞목과 옆목이 적갈색을 띤다. 물 위에 물풀을 모아 둥지를 짓는다. 알을 품다가 둥지에서 나올 때 재빨리 물풀로 덮어 위장한다. 겨울이 되면 추위를 피해 우리 나라로 온다.

논병아리과

크기 25~29cm
사는 곳 강, 호수, 저수지
나타나는 때 1년 내내
먹이 작은 물고기, 갑각류
개체수 흔함

ㅇ겨울에는 몸 윗면이 어두운 갈색을 띤다.

논병아리과

크기 45cm
사는 곳 바닷가,
　　　　강 하구
나타나는 때 겨울
먹이 물고기
개체수 흔하지 않음

큰논병아리Red-necked Grebe

부리는 갈색이고, 부리기부는 노란색이다. 여름에는
턱과 뺨이 흰색이고, 목은 붉은빛을 띠는 갈색이다.
겨울이 되면 몸 윗면이 어두운 갈색으로 바뀐다. 잠
수해서 물고기를 사냥한다.

○ 뿔깃 아래쪽에 있는 여름깃이 적갈색으로 변한다.

뿔논병아리Great Crested Grebe

논병아리류 중에 가장 크다. 목이 길고 부리는 분홍색이며, 머리에 있는 검은색 뿔깃이 인상적이다. 눈앞에 검은 피부가 노출된 가늘고 짧은 선이 있다. 겨울에 흔히 보이지만, 여름에 번식하기도 한다. 번식기가 다가오면 물풀을 부리로 물고 목을 좌우로 흔들면서 사랑의 춤을 춘다.

논병아리과

크기 46~52cm
사는 곳 호수, 강 하구, 강, 바닷가
나타나는 때 1년 내내
먹이 물고기, 수서곤충
개체수 흔함

ㅇ붉은 눈이 특징이다.

논병아리과

크기 30~34cm
사는 곳 호수, 강 하구,
　　　　　바닷가
나타나는 때 겨울
먹이 작은 물고기,
　　　갑각류
개체수 흔함

검은목논병아리Black-necked Grebe

검은 부리가 위로 살짝 휘었으며, 눈은 붉은색을 띤다. 여름에는 목이 검고, 눈 뒤쪽으로 황금색 귀깃이 있다. 겨울에는 앞목이 회색을 띤다. 겨울에 우리 나라로 오며, 무리지어 생활한다. 잠수해서 먹이를 잡고, 물에 떠 있을 때는 목을 곧추세운다.

○ 갯바위에서 지친 몸을 쉰다.

먹황새Black Stork

부리와 눈 주위, 다리가 붉은색이며, 가슴과 배를 제외한 몸 전체는 검다. 어린 새는 몸빛이 흑갈색을 띠며, 목 부분에 작고 흰 점이 흩어져 있다. 과거에는 암벽에 둥지를 튼 텃새였으나, 요즘은 겨울에 드물게 관찰된다. 천연기념물 200호다.

황새과

크기 95~100cm
사는 곳 농경지, 저수지,
  강 하구
나타나는 때 겨울
먹이 물고기, 개구리,
  수서곤충
개체수 희귀함

o 부들이 있는 습지에서 먹이를
찾는다.(위)
o 날개를 쫙 펴고 멋지게 난다.(왼쪽)
o 소나무에 앉아 쉰다.(오른쪽)

황새과

크기 110~115cm
사는 곳 강 하구, 개울,
농경지
나타나는 때 겨울
먹이 물고기, 개구리,
수서곤충
개체수 희귀함

황새Oriental Stork

부리와 날개는 검은색, 눈 주위와 다리는 붉은색이며,
나머지는 흰색이다. 옛날에는 논 주위에서 번식하는
텃새였으나, 요즘은 겨울에 볼 수 있다. '황새가 소나
무에 앉으면 비가 온다'는 옛말처럼 황새를 보고 날씨
를 짐작할 정도로 흔했지만, 지금은 세계적인 멸종 위
기종이다. 천연기념물 199호다.

ㅇ저어새의 이동 경로를 알기 위해 다리에 가락지를 끼웠다. 세계적인 멸종 위기종이다.

저어새Black-faced Spoonbill

주걱 모양 부리는 전체가 검고, 눈의 노출된 피부와 부리가 연결되어 보인다. 어린 새는 부리가 분홍색에 가깝고, 날개 끝이 검다. 부리에 주름이 많을수록 늙은 새다. 우리 나라 서해안 무인도에서 90% 이상이 번식하며, 해마다 20여 마리가 제주도에서 겨울을 난다. 천연기념물 205-1호다.

저어새과

크기 73~81cm
사는 곳 강 하구,
갯벌, 논
나타나는 때 1년 내내
먹이 물고기, 갑각류
개체수 희귀함

1 힘찬 날갯짓이 역동적이다.
2 번식기가 되면 뒷머리의 장식깃과
  목이 노란색으로 바뀐다.
3 어미 새와 새끼들이 둥지에서 쉰다.
4 부리를 저어 가며 먹이를 잡는다.

o 눈과 부리가 저어새에 비해 떨어져
보인다.(위)
o 부리 끝이 노랗다.(왼쪽)
o 날개를 쫙 펴고 난다.(오른쪽)

노랑부리저어새 Eurasian Spoonbill

몸빛이 희다. 번식기가 되면 뒷머리에 연노란색 장식
깃이 생기며, 목도 노래진다. 주걱처럼 생긴 부리는
끝이 노랗고, 눈과 부리가 저어새에 비해 확연히 떨어
져 보인다. 어린 새는 부리가 분홍색을 띠며, 끝도 노
랗지 않다. 부리로 물 속을 좌우로 저으며 먹이를 찾
는다. 천연기념물 205-2호다.

저어새과

크기 80~95cm
사는 곳 강 하구, 갯벌,
저수지
나타나는 때 겨울
먹이 물고기, 갑각류
개체수 희귀함

o 마른 부들 사이에 몸을 숨기고 있다.(위)
o 위험을 느껴 마른 부들 사이에서 꼼짝 않는 모습.(아래)

백로과

크기 71~80cm
사는 곳 개울, 호수,
　　　　　습한 풀밭
나타나는 때 겨울
먹이 물고기
개체수 희귀함

알락해오라기Eurasian Bittern

몸은 노란빛이 도는 갈색이며, 흑갈색 반점이 흩어져
있다. 머리꼭대기는 검은색, 다리는 노란빛을 띠는 녹
색이다. 몸빛이나 무늬가 갈대 같은 마른 풀과 비슷
하기 때문에 움직이지 않으면 찾기 어렵다. 갈대밭에
서 숨은 그림 찾기를 하는 기분이 들 정도로 위장술
이 뛰어나다.

o 부들에 앉았다.(위)
o 풀 위에서 주변을 살핀다.(아래)

덤불해오라기Yellow Bittern

몸빛은 갈색이다. 날 때 날개깃과 꼬리 끝의 검은색이
눈에 띈다. 목과 가슴, 배에 세로줄이 있으며, 어린 새
는 몸 전체에 줄무늬가 뚜렷하다. 갈대밭, 물가의 풀
숲에 줄기나 잎을 쌓아 둥지를 만든다. 위험을 느끼
면 갈대 줄기 사이에서 꼼짝도 안 한다.

백로과

크기 34~38cm
사는 곳 저수지, 강,
호수, 논
나타나는 때 여름
먹이 물고기, 곤충,
개구리
개체수 흔함

o 습지에서 먹이를 찾다가 주변을 경계한다.(위)
o 턱부터 가슴까지 난 세로줄 무늬가 인상적이다.(아래)

백로과

크기 36~39cm
사는 곳 저수지, 강,
　　　호수, 논
나타나는 때 여름
먹이 물고기, 개구리
개체수 흔하지 않음

큰덤불해오라기Von Schrenck's Bittern

턱부터 가슴까지 세로줄 무늬가 뚜렷하며, 암수의 깃
색깔이 다르다. 수컷은 몸 윗면이 갈색이고, 암컷은
몸 윗면과 날개에 흰 반점이 있다. 위험을 느끼면 목
을 쭉 뺀다. 날 때는 목을 'S 자형'으로 움츠리며 다리
는 뒤로 뻗고 직선으로 난다.

o 풀 속에 숨어 주변을 경계한다.(위)
o 위험을 피해 나무 위로 날아가 앉았다.(아래)

열대붉은해오라기 Cinnamon Bittern

부리는 노란색이며 윗부리 일부가 검다. 수컷은 몸 윗면이 적갈색이고, 날 때 보이는 머리와 날개, 꼬리가 적갈색이어서 다른 해오라기와 구별된다. 암컷은 적갈색이 탁하고, 반점이 흩어져 있다. 열대와 아열대 등 1년 내내 따뜻한 지역에 서식하며, 우리 나라에는 가끔 길을 잃고 찾아온다.

백로과

크기 36~41cm
사는 곳 저수지, 호수
나타나는 때 불규칙함
먹이 물고기, 개구리
개체수 아주 희귀함

o 물가 주변에서 먹이를 찾아 돌아다닌다.

백로과

붉은해오라기 Japanese Night Heron

크기 49cm
사는 곳 숲이나
　　　　 근처 습지
나타나는 때 불규칙함
먹이 지렁이, 물고기,
　　　 수서곤충
개체수 아주 희귀함

몸은 붉은빛이 도는 갈색이며, 다른 해오라기에 비해 부리가 짧고, 눈앞은 푸른색을 띤다. 앞목 중앙에 어두운 갈색 줄무늬가 있다. 삼나무, 소나무 등 침엽수림을 좋아한다. 소나무 가지에 앉았을 때 사람이 접근하면 머리와 목을 쭉 빼고 굵은 나뭇가지인 척 위장하기도 한다.

o 뒷머리의 댕기깃이 특징이다.(위)
o 어린 새는 몸 윗면에 밝은 갈색 점이 흩어져 있다.(아래)

해오라기 Black-crowned Night Heron

뒷머리에 흰색 댕기깃 2~3가닥이 길게 늘어졌다. 눈은 붉은색이고, 뒷머리와 등은 검다. 어린 새는 몸 윗면에 밝은 갈색 점이 흩어져 있다. 낮에는 숲이나 물가에서 쉬고, 밤에 먹이를 잡는다. 나무 위에 둥지를 틀고, 무리지어 번식한다.

백로과

크기 56~60cm
사는 곳 저수지, 강,
　　　　　호수, 논
나타나는 때 1년 내내
먹이 물고기, 개구리
개체수 흔함

○ 먹이를 잡으려고 물 속을 살핀다.(위)
○ 바위에서 쉰다.(아래)

백로과

크기 48~52cm
사는 곳 논, 저수지, 강, 계곡
나타나는 때 여름
먹이 작은 물고기, 개구리, 수서곤충
개체수 흔함

검은댕기해오라기 Striated Heron

뒷머리에 난 검은 깃이 뒷목까지 늘어졌다. 몸은 푸른빛이 도는 회색이며, 다리는 노랗다. 낮에 활발하게 먹이를 찾고, 숲에서 번식한다. 어린 새는 몸빛이 어두운 갈색이며, 몸 윗면에 반점이 흩어져 있다. 갈대 옆에서 움직이지 않으면 감쪽같이 속을 정도로 위장술이 뛰어나다.

o 먹이를 먹다가 인기척에 놀라 주변을 살핀다.(위)
o 바위에서 쉰다.(아래)

흰날개해오라기Chinese Pond Heron

여름에는 머리부터 뒷목, 가슴, 댕기깃이 적갈색이며,
노란 부리는 끝이 검다. 날 때 흰 날개와 꼬리가 보인
다. 겨울에는 몸 윗면이 어두운 갈색을 띤다. 논이나
풀이 있는 습지에 돌아다니며 먹이를 찾는다. 최근에
번식이 확인되었으며, 제주도를 비롯한 남부 지방에
서 겨울을 나는 것이 관찰되기도 한다.

백로과

크기 42~45cm
사는 곳 논, 개울,
저수지
나타나는 때 여름
먹이 물고기, 개구리
개체수 희귀함

o 갈아엎은 논에서 먹이를 찾다가 주변을 살핀다.(위)
o 풀밭을 좋아한다.(아래)

백로과

크기 46~52cm
사는 곳 풀밭, 논,
　　　　 방목장
나타나는 때 여름
먹이 곤충, 개구리,
　　　 물고기
개체수 흔함

황로Cattle Egret

부리가 다른 백로류에 비해 짧고 도톰하며, 머리는 둥글다. 여름에는 머리부터 가슴까지 주황색으로 바뀐다. 소나 말 뒤를 따라다니며 놀라서 도망가는 곤충을 잡아먹는다. 요즘은 트랙터로 논을 갈 때 그 뒤를 따라다니며 논바닥 위로 나온 미꾸라지를 잡아먹고, 소나 말 등에 올라타기도 한다.

ㅇ소나무 가지에 서서 주변을 살핀다.

붉은왜가리Purple Heron

머리부터 목까지 적갈색이 뚜렷하고, 검은 세로줄 무
늬가 있다. 몸빛은 왜가리보다 회색이 진하고, 어깨깃
은 붉은빛을 띠는 갈색이다. 어린 새는 몸빛이 갈색
을 띤다. 갈대밭이나 부들 사이에 목을 쭉 빼고 있으
면 주변 색과 비슷해서 구별하기 어렵다.

백로과

크기 78~81cm
사는 곳 논, 개울,
　　　　　저수지
나타나는 때 봄, 가을
먹이 물고기, 개구리,
　　　　수서곤충
개체수 희귀함

1 위험을 느끼면 몸을 움츠린다.
2 부들 속에 숨었다.
3 풀이 있는 물가에서 먹이를 찾는 모습.

o 무리지어 이동하다가 잠시 갯바위에 내려앉아 쉰다.(위)
o 둥지에서 알을 품는다.(아래)

왜가리Grey Heron

등과 접은 날개는 회색을 띠며, 눈 뒤쪽에서 시작되는
장식깃이 검다. 목에는 검은 세로줄 무늬가 뚜렷하다.
날 때는 날개가 검은색으로 보인다. 먹이가 보이면 움
츠린 목을 순식간에 쭉 빼고 잡는다. 밤에도 활동하
는데, '와악' 하는 울음소리를 내면서 날아간다.

백로과

크기 90~95cm
사는 곳 논, 개울,
　　　　저수지
나타나는 때 1년 내내
먹이 물고기, 개구리, 뱀
개체수 흔함

o 얕은 물에서 물고기를 찾는다.(위)
o 잡은 물고기를 먹는다.(아래)

백로과

크기 86~96cm
사는 곳 논, 개울,
　　　　저수지
나타나는 때 여름, 겨울
먹이 물고기, 개구리
개체수 흔함

중대백로Great Egret

백로류 가운데 대형 종이다. 몸빛이 희고, 노란 부리
는 번식기에 검어진다. 부리가 다른 백로류에 비해 가
늘고 길다. 논이나 개울 등 물가에 걸어다니며 먹이를
찾는다. 나무 꼭대기에 무리지어 둥지를 틀고 새끼를
키운다. 중대백로가 둥지를 튼 숲은 산성 배설물 때
문에 나무나 풀이 죽기도 한다.

○ 여름에는 부리가 검어진다.(위)
○ 번식기에는 목과 등에 장식깃이
   난다.(왼쪽)
○ 논에서 잡은 개구리를 먹는다.
   (오른쪽)

중백로 Intermediate Egret

중대백로와 매우 비슷하게 생겼으나, 머리가 약간 둥글고 부리가 짧다. 부리는 노란색이고 끝이 검다. 번식기가 되면 부리 전체가 검어지고, 목과 등에 장식깃이 생긴다. 날 때 목을 움츠리고 다리는 뒤로 뻗는다.

백로과

크기 65~72cm
사는 곳 논, 개울, 저수지
나타나는 때 여름
먹이 물고기, 개구리
개체수 흔함

ㅇ뒷머리에 있는 장식깃이 특징이다.

백로과

크기 58~65cm
사는 곳 논, 개울, 갯벌
나타나는 때 1년 내내
먹이 물고기, 개구리
개체수 흔함

쇠백로 Little Egret

백로류 가운데 크기가 작은 편이다. 부리와 다리는
검고 발가락이 노란색이어서 별명이 '노란 장화를 신
은 백로'다. 번식기가 되면 뒷머리에 장식깃이 두 가
닥 생긴다. 먹이를 찾을 때 다리를 떠는데, 물 속에
사는 물고기나 새우 등을 놀라게 하여 정신 없는 틈
을 타서 잡아먹으려는 것으로 보인다.

o 갯바위에서 종종 관찰할 수 있다.

흑로Pacific Reef Heron

몸빛이 검고, 노란 다리는 짧고 굵다. 번식기에는 머리에 장식깃이 생긴다. 바닷가 절벽에 마른 풀 줄기나 나뭇가지로 넓은 둥지를 만든다. 갯바위에서 먹이 사냥을 하는데, 가끔 날개를 펴서 그늘을 만들어 물고기를 모으기도 한다. 물 위를 낮게 날아서 이동한다. 사람들이 '검은 백로'라며 신기해한다.

백로과	
크기	58~62cm
사는 곳	바닷가, 양어장
나타나는 때	1년 내내
먹이	물고기, 갑각류
개체수	흔하지 않음

1 사냥 자세가 멋지다.
2 잡은 물고기를 먹으려는 순간이다.
3 부화한 지 일주일 정도 지나 솜털이 난 새끼들.
4 알은 보통 3~5개 낳는다.

○ 뒷머리의 장식깃과 노란 발가락이 인상적이다.(위)
○ 쇠백로와 노랑부리백로.(왼쪽)
○ 번식기가 지나면 장식깃이 없어진다.(오른쪽)

노랑부리백로Chinese Egret

이름에서 알 수 있듯이 부리가 노란색을 띤다. 번식기가 되면 뒷머리에 장식깃이 많이 생긴다. 다리는 검고 발가락은 노랗다. 겨울에는 부리가 검어지고, 다리는 노래진다. 세계적으로 2000여 마리밖에 없어 멸종 위기에 처한 종으로, 대부분 우리 나라 서해안 무인도에서 번식한다. 천연기념물 361호다.

백로과
크기 65~68cm
사는 곳 갯벌, 강 하구, 바닷가
나타나는 때 여름
먹이 물고기, 갑각류
개체수 흔하지 않음

○먹이를 찾기 위해 바다 위를 날아다닌다.

갈색얼가니새Brown Booby

얼가니새과

크기 66~72cm
사는 곳 바다, 바닷가
나타나는 때 불규칙함
먹이 물고기
개체수 아주 희귀함

날개가 길고, 꼬리는 끝이 뾰족하며, 몸집이 크다. 부리는 두껍고 끝이 뾰족하며, 다리는 노란색을 띤다. 깃 색깔은 암수가 같지만, 얼굴의 노출된 피부가 암컷은 노란색이고, 수컷은 푸른색이다. 바다 위를 날면서 먹이를 찾는다. 우리 나라에서는 홍도, 가거도, 마라도 등에서 네 번 관찰된 기록이 있다.

ㅇ하늘 높이 날아서 이동한다.

군함조Lesser Frigatebird

깊이 파인 제비형 꼬리와 긴 날개가 눈에 띄는 대형
바다새다. 검은색 몸에 가슴과 배 일부가 흰색이다.
어린 새는 머리 부분이 분홍색을 띤다. 주로 먼 바다
에 날아다니며 먹이를 잡고, 태풍 등 기상 악화로 바
닷가에 날아오기도 한다.

군함조과

크기 76cm
사는 곳 먼 바다
나타나는 때 불규칙함
먹이 물고기
개체수 아주 희귀함

○ 몸 전체가 검은 수컷.(위)
○ 바위에 앉아 주변을 둘러본다.(왼쪽)
○ 바다 위를 멋지게 날아다닌다.(오른쪽)

군함조과

크기 86~100cm
사는 곳 먼 바다
나타나는 때 불규칙함
먹이 물고기, 새
개체수 아주 희귀함

큰군함조Great Frigatebird

깊이 파인 제비형 꼬리와 긴 날개가 눈에 띄는 대형 바다새다. 몸빛이 검고, 수컷은 턱에 붉은색 주머니가 있으며, 암컷은 가슴 부분이 희다. 하늘 높이 날아다니고, 번식기가 아니면 땅에 내려앉지 않는다. 2004년 제주도에서 한 개체가 처음 발견되었다. 태풍이 지나간 다음 날 가끔 바닷가에서 볼 수 있다.

o 바위에 앉아 쉰다.(왼쪽)
o 여름깃은 뒷머리와 목이 흰색이다.
  (오른쪽 위)
o 사냥한 넙치를 먹으려고 물 밖으로
  머리를 내민다.(오른쪽 아래)

민물가마우지Great Cormorant

몸빛이 검고, 갈색 등은 광택이 있다. 목이 길고, 노란
부리는 끝이 갈고리처럼 휘었다. 눈 뒤쪽에 노출된 피
부는 흰색이다. 잠수해서 물고기를 잡아먹는다. 깃털
의 방수가 불완전하기 때문에 바위에서 날개를 펴고
말린다.

가마우지과
크기 80~86cm
사는 곳 바닷가, 호수, 강 하구, 강
나타나는 때 겨울
먹이 물고기
개체수 흔함

○ 갯바위에서 쉰다.(위)
○ 물 표면을 박차고 날아간다.(왼쪽)
○ 눈 뒤쪽 노출된 부분이 별 꼴로
　각이 졌다.(오른쪽)

가마우지과

크기 82~86cm
사는 곳 바닷가, 호수,
　　　강 하구
나타나는 때 1년 내내
먹이 물고기
개체수 흔함

가마우지 Temminck's Cormorant

민물가마우지와 매우 비슷하다. 검은 등에 녹색을 띠
는 금속 광택이 있고, 눈 뒤쪽에 노출된 부분은 민물
가마우지보다 각이 졌다. 바닷가 절벽이나 바위에서
무리지어 쉰다. 자주 앉는 장소는 배설물 때문에 하
얘진다. 옛날 중국과 일본에서는 가마우지 목에 끈을
묶어 삼키지 못하게 하며 물고기를 잡았다.

101

○ 겨울에는 눈 주위에 노출된 피부의 붉은색이 사라진다.(위)
○ 물 위에서 쉰다.(아래)

쇠가마우지Pelagic Cormorant

우리 나라에서 관찰되는 가마우지류 중에 가장 작다. 몸빛이 검고 녹색 광택이 난다. 머리와 부리는 가늘고, 부리는 흑갈색이다. 여름에는 머리에 짧은 뿔깃이 두 개 생기며, 눈앞에 노출된 피부는 붉은색을 띤다. 겨울에는 무리지어 생활하며, 잠수해서 먹이를 잡는다.

가마우지과

크기 70~73cm
사는 곳 바닷가
나타나는 때 1년 내내
먹이 물고기
개체수 흔함

o 풀숲에서 먹이를 찾는다.

뜸부기과

크기 14cm
사는 곳 습지, 논,
　　　　갈대밭
나타나는 때 봄, 가을
먹이 곤충, 씨앗
개체수 희귀함

알락뜸부기Swinhoe's Rail

뜸부기류 중에 가장 작다. 몸은 전체적으로 노란빛을 띠는 갈색이고, 등에 흰 반점이 흩어져 있다. 옆구리와 배는 흰 바탕에 갈색 가로줄 무늬가 있다. 습지나 갈대밭 등에 걸어다니며 곤충이나 씨앗을 찾아 먹는다.

o 갈대 속에서 나와 잠깐 모습을 드러냈다.

흰눈썹뜸부기 Water Rail

얼굴은 회색을 띠며, 검은 눈선 때문에 눈썹선이 있는
것처럼 보인다. 갈색 몸 윗면에 검은 반점이 흩어져
있고, 검은 배에는 흰 줄무늬가 있다. 긴 부리가 아래
로 약간 휜 듯 보이며, 아랫부리는 붉다. 경계심이 강
해서 갈대나 풀 속에 숨어 좀처럼 나오지 않는다.

뜸부기과

크기 28~29cm
사는 곳 내륙의 습지,
논
나타나는 때 봄, 가을,
겨울
먹이 곤충, 씨앗
개체수 적음

o 먹이를 찾아 이동한다.(위)
o 꼬리를 까딱거리면서 걸어다닌다.(아래)

뜸부기과

크기 30~33cm
사는 곳 습지, 논
나타나는 때 봄, 가을
먹이 곤충, 씨앗
개체수 적음

흰배뜸부기White-breasted Waterhen

몸 윗면은 검고, 얼굴과 목, 가슴, 윗배는 희다. 아랫배와 아래꼬리덮깃은 갈색이다. 부리는 노랗고, 윗부리기부는 붉다. 다리도 노랗고 길다. 예전에는 봄과 가을에 주로 관찰되었으나, 1996년에 처음으로 우리나라에서 번식하는 것이 확인되었다. 내륙의 습지에서 주로 관찰된다.

○ 풀밭에 돌아다니며 먹이를 찾는다.

쇠뜸부기Baillon's Crake

부리와 다리가 노란색이다. 몸 윗면은 갈색이고, 흰
무늬가 있다. 턱부터 윗배 부분까지 회색이고, 배 중
앙부터 아랫부분까지 검은색 가로줄 무늬가 있다. 이
름에 작다는 뜻으로 '쇠'가 들어가지만, 알락뜸부기보
다 크다.

뜸부기과
크기 20cm
사는 곳 습지, 논
나타나는 때 봄, 가을
먹이 곤충, 씨앗
개체수 적음

○ 습지에서 먹이를 찾는다.

뜸부기과

크기 22~23cm
사는 곳 내륙의 습지, 논
나타나는 때 여름
먹이 곤충, 씨앗
개체수 흔하지 않음

쇠뜸부기사촌Ruddy-breasted Crake

몸 윗면은 어두운 갈색이고, 머리부터 윗배까지 붉은 빛을 띠는 갈색이다. 아랫배와 아래꼬리덮깃은 검은 바탕에 가늘고 흰 줄무늬가 있다. 부리는 검고, 다리는 붉다. 논이나 얕은 물이 고인 습지에서 풀 속을 돌아다니며 먹이를 찾는다. 항상 머리와 꼬리를 세우고, 위험을 느끼면 풀 속에 숨는다.

○가슴과 윗배는 붉은빛을 띠는 갈색이다.

한국뜸부기Band-bellied Crake

몸 윗면은 어두운 갈색이고, 날개에 작고 흰 줄무늬가 있다. 부리는 회색이고, 희미한 눈썹선이 있다. 턱은 흰색이고, 가슴과 윗배는 붉은빛을 띠는 갈색이며, 아랫배에 굵고 검은 줄무늬가 있다.

뜸부기과

크기 22cm
사는 곳 논, 습지
나타나는 때 봄, 가을
먹이 곤충
개체수 희귀함

o 울려고 목을 움츠린다.

뜸부기과

크기 암컷 33cm,
수컷 40cm
사는 곳 논, 습한 풀밭
나타나는 때 여름
먹이 곤충, 새순,
달팽이
개체수 흔하지 않음

뜸부기Watercock

수컷은 몸빛이 검고, 이마판과 다리는 붉은색, 부리는 노란색이다. 암컷은 몸빛이 갈색이다. '오빠 생각'이라는 동요의 '뜸북뜸북 뜸북새 논에서 울고'라는 구절처럼 전에는 논에 많았지만, 요즘은 농약을 많이 사용하는데다 논이 사라지면서 보기 어려운 새가 되었다. 천연기념물 446호다.

ㅇ붉은 부리와 이마가 눈에 띈다.

쇠물닭Common Moorhen

검은 몸에 붉은 부리와 이마가 돋보인다. 부리 끝은 노랗다. 옆구리에 흰 반점이 가는 줄무늬처럼 늘어섰고, 꼬리에도 흰 반점이 있다. 어린 새는 몸빛이 어두운 갈색을 띤다. 물 위를 헤엄치거나 물풀 위를 걸어 다니며, 이동할 때 꼬리를 까딱거린다.

뜸부기과

크기 30~35cm
사는 곳 습지, 논
나타나는 때 1년 내내
먹이 씨앗, 새순, 곤충
개체수 흔함

110

1 알은 보통 5~10개 낳는다.　2 갓 부화한 새끼들 몸에 솜털이 있다.　3 어린 새가 부들 사이에서 비를 피하는 모습.

○ 흰 부리와 이마판이 특징이다.(위)
○ 무리지어 겨울을 난다.(아래)

물닭Eurasian Coot

몸빛이 검고, 부리와 이마판은 희다. 겨울에 무리지어
생활하며, 여름에 번식하기도 한다. 주로 물 위에서
헤엄쳐 다니며, 잠수해서 수생식물을 건져 먹기도 한
다. 어린 새는 몸빛이 어두운 갈색을 띠어 쇠물닭 어
린 새와 비슷하나, 이동할 때 꼬리를 까딱거리지 않
는다.

뜸부기과

크기 36~39cm
사는 곳 강, 호수,
　　　　　저수지
나타나는 때 1년 내내
먹이 수생식물, 씨앗,
　　　곤충
개체수 흔함

ㅇ풀밭을 여유롭게 걸어간다.

두루미과

크기 95cm
사는 곳 농경지, 초지
나타나는 때 불규칙함
먹이 곤충, 낟알
개체수 아주 희귀함

쇠재두루미Demoiselle Crane

턱부터 가슴까지 검은색이고, 눈 뒤쪽으로 흰색 깃털이 늘어졌다. 몸빛은 전체적으로 회색을 띠며, 가슴의 깃털이 길게 늘어졌다. 주로 몽골 등지에 서식하는 두루미류로, 2001년 낙동강 하구에서 관찰되었다.

○ 습지에서 먹이를 찾아 돌아다닌다.

시베리아흰두루미Siberian Crane

몸집이 크고, 전체적으로 흰색을 띠는 두루미다. 이마와 눈 앞쪽, 다리는 붉은색이고, 날개 끝은 검은색이다. 어린 새는 몸빛이 갈색을 띤다. 주로 육지에서 관찰되지만, 제주도에서 관찰된 기록도 있다.

두루미과

크기 135cm
사는 곳 하천, 농경지
나타나는 때 불규칙함
먹이 곤충, 물고기
개체수 아주 희귀함

o 수확이 끝난 논에서 낟알을 먹는다.(위)
o 무리지어 날아다닌다.(아래)

두루미과

크기 120～135cm
사는 곳 농경지, 습지
나타나는 때 봄, 가을,
　　　　　　　겨울
먹이 물고기, 낟알
개체수 희귀함

재두루미White-naped Crane

회색 몸에 머리와 뒷목, 턱은 희고, 눈 주위는 붉다. 강원도 철원 등지의 논이나 경상남도 주남저수지에서 주로 어미와 그 해에 태어난 어린 새 1～2마리로 구성된 가족이 겨울을 난다. 번식 능력이 없는 개체들은 50～60마리가 따로 무리지어 생활하기도 한다. 천연기념물 203호다.

o 봄에 번식지로 이동하다가 날씨가
  나빠서 내려앉았다.(위)
o 가족 단위로 겨울을 난다.(왼쪽)
o 어린 새가 주변을 살핀다.(오른쪽)

흑두루미Hooded Crane

몸빛이 검고, 머리와 목은 흰색, 머리꼭대기는 붉은
색이다. 두루미류 가운데 크기가 작은 편이다. 일본
오사카 이즈미에서 겨울을 지낸 개체들이 우리 나라
를 거쳐 번식지로 가기 때문에 봄과 가을에 관찰할
수 있다. 전라남도 순천만에서는 작은 무리가 겨울을
난다. 천연기념물 228호다.

두루미과

크기 95~100cm
사는 곳 농경지, 개울
나타나는 때 봄, 가을,
　　　　　　　　겨울
먹이 물고기, 낟알
개체수 희귀함

o목을 빼고 주위를 경계한다.

두루미과

크기 138~145cm
사는 곳 농경지,
    습한 풀밭
나타나는 때 겨울
먹이 미꾸라지, 개구리,
    낟알
개체수 희귀함

두루미 Red-crowned Crane

예부터 선비의 고고함을 상징했으며, 두루미의 몸짓을 표현한 학춤도 있어 우리 나라 사람들과 밀접한 관련이 있는 새다. 흰 몸에 턱과 목, 날개 일부분이 검고, 머리꼭대기는 붉다. 겨울에 강원도 철원 등지의 논에서 낟알을 주워 먹는다. 멸종 위기에 처한 종으로, 천연기념물 202호다.

○ 돌 위에서 쉰다.(위)
○ 갯벌에서 주변을 살핀다.(아래)

검은머리물떼새Eurasian Oystercatcher

몸빛은 검은색과 흰색이 뚜렷하며, 부리와 다리, 눈은 붉다. 다른 도요물떼새류에 비해 부리가 굵고 길다. 어린 새는 어미 새의 검은 부분이 어두운 갈색을 띠고, 부리와 다리 색이 옅다. 모래섬에서 둥지를 틀며, 금강 하구에 있는 유부도에서 큰 무리가 겨울을 난다. 천연기념물 326호다.

검은머리물떼새과

크기 43~46cm
사는 곳 바닷가, 갯벌
나타나는 때 1년 내내
먹이 연체동물, 게, 갯지렁이
개체수 적음

○ 이동하다가 모래밭에서 잠시 쉰다.(위)
○ 어린 새는 몸 윗면이 어두운 갈색을 띤다.(아래)

장다리물떼새과

크기 35~38cm
사는 곳 논, 강 하구
나타나는 때 봄~가을
먹이 곤충
개체수 희귀함

장다리물떼새 Black-winged Stilt

가늘고 길며 붉은 다리가 특징이다. 부리는 검고 가늘며, 등과 날개도 검다. 어린 새는 몸 윗면이 어두운 갈색을 띤다. 예전에는 드물게 관찰되는 철새였으나, 몇 년 전부터 충청남도 서산 간척지에서 번식하는 것이 관찰된다. 부리로 물 속을 콕콕 찍거나 휘저으면서 먹이를 잡는다.

o 가늘고 긴 부리가 위로 휘었다.(위)
o 부리를 깃에 묻고 쉰다.(아래)

뒷부리장다리물떼새Pied Avocet

부리가 위로 휘어서 '뒷부리', 다리가 길어서 '장다리'
라는 이름이 붙었다. 몸빛이 희고, 머리와 날개에 검
은 띠가 있다. 부리로 물 속을 좌우로 젓다가 흰 부분
에 먹이가 걸리면 먹는다.

장다리물떼새과

크기 42~45cm
사는 곳 강 하구,
　　　저수지
나타나는 때 봄, 가을,
　　　겨울
먹이 해양 무척추동물
개체수 희귀함

o 뒷머리의 댕기깃이 길다.(위)
o 어린 새는 댕기깃이 짧다.(아래)

물떼새과

크기 28~31cm
사는 곳 습지, 강 하구
나타나는 때 겨울
먹이 곤충, 거미, 갯지렁이
개체수 흔함

댕기물떼새Northern Lapwing

겨울에 흔히 관찰되는 종이다. 뒷머리에 위로 뻗친 댕기깃이 특징이며, 암컷에 비해 수컷의 댕기깃이 길다. 가슴이 검고, 등과 날개 윗면은 녹색 광택이 나는 검은색이다. 날 때 흰 날개 끝과 검은 꼬리 끝이 보인다. 잡은 먹이를 물에 씻어 먹기도 한다.

○ 밭에 내려앉아 먹이를 찾는다.(위)
○ 논에서 먹이를 찾는다.(아래)

민댕기물떼새 Grey-headed Lapwing

물떼새과

크기 35~37cm
사는 곳 논, 습한 풀밭
나타나는 때 봄, 가을
먹이 곤충, 지렁이
개체수 희귀함

노란 부리는 끝이 검다. 머리와 목, 가슴은 회색이고, 가슴과 배의 경계에 굵고 검은 줄무늬가 있다. 등은 갈색, 눈은 붉은색이며, 눈앞에 둥글고 노란 무늬가 눈테와 연결된다. 긴 다리는 노랗다. 어린 새는 머리와 가슴, 등이 갈색을 띠며, 가슴과 배의 경계에 희미하게 검은 줄이 있다.

o 턱과 앞목, 가슴, 배가 검은 여름깃.(위)
o 겨울깃은 노란색을 띠는 갈색이다.(아래)

물떼새과

크기 23~25cm
사는 곳 갯벌, 논, 풀밭
나타나는 때 봄, 가을
먹이 곤충, 지렁이
개체수 흔하지 않음

검은가슴물떼새Pacific Golden Plover

몸빛이 밝은 갈색을 띤다. 여름에는 턱과 앞목, 가슴, 배까지 검어지고, 이마와 옆목, 옆구리를 연결하는 흰 띠가 뚜렷하다. 겨울에는 몸이 전체적으로 노란색을 띠는 갈색이다. 어린 새는 더 노랗게 보이고, 몸 아랫면에 가늘고 검은 줄무늬가 있다. 갯벌이나 논에서 곤충, 지렁이를 잡아먹는다.

123

o 겨울깃은 회색을 띠는 갈색이다.(위)
o 어린 새는 몸빛이 겨울깃과 비슷하다.(아래)

개꿩Grey Plover

여름에는 턱과 목, 가슴, 옆구리, 배가 검고, 머리꼭
대기부터 옆목, 옆구리 전까지 희다. 겨울에는 몸빛이
어두운 회색이나 회색을 띠는 갈색이며, 아랫배는 희
다. 날 때 옆구리의 검은 반점이 뚜렷이 보인다.

물떼새과

크기 28~31cm
사는 곳 갯벌, 강 하구
나타나는 때 봄, 가을,
　　　　　　　겨울
먹이 곤충, 갑각류
개체수 흔함

o 파래가 있는 모래밭에서 먹이를 찾는다.

물떼새과

크기 19cm
사는 곳 강 하구, 갯벌
나타나는 때 봄, 가을
먹이 수서 무척추동물
개체수 희귀함

흰죽지꼬마물떼새Common Ringed Plover

부리는 노란색이고 끝이 검은데, 겨울이 되면 검은색으로 바뀐다. 눈선과 이마, 가슴에 있는 띠는 검은색이고, 날개와 등은 어두운 갈색이다. 날 때 날개 윗면에 흰색 띠가 뚜렷하다. 어린 새는 이마에 검은 띠가 없고, 몸 윗면은 갈색을 띤다.

125

○물가에서 경계한다.

흰목물떼새Long-billed Plover

꼬마물떼새와 비슷하나, 부리와 다리가 길다. 몸 윗면은 회색을 띠는 갈색이고, 아랫면은 희다. 여름에는 가슴과 눈 주위에 검은 띠가 뚜렷하지만, 겨울에는 희미해진다. 선명하지 않은 눈테가 있으며, 돌이나 자갈이 있는 강 주변에 둥지를 튼다. 부화한 새끼는 바로 어미를 따라다니며 먹이를 먹는다.

물떼새과

크기 20~21cm
사는 곳 개울, 논
나타나는 때 1년 내내
먹이 곤충
개체수 흔하지 않음

○ 진흙 펄에서 먹이를 찾는다.(위)
○ 돌이나 자갈, 모래가 있는 땅을 오목하게 파고 주변에 조개껍데기나
  반짝이는 물건을 깐 뒤 둥지를 만든다. 알은 보통 3~5개 낳는다.(아래)

물떼새과

크기 14~17cm
사는 곳 강, 바닷가
나타나는 때 여름
먹이 수서 무척추동물,
  곤충
개체수 흔함

꼬마물떼새Little Ringed Plover

우리 나라에서 번식하는 몇 안 되는 물떼새 가운데 하나로, 노란 눈테가 특징이다. 여름에는 가슴과 눈 주변에 검은 띠가 선명하지만, 겨울에는 갈색으로 바뀐다. 둥지나 새끼에게 위험이 닥치면 다친 새처럼 행동해 적을 다른 곳으로 유인한다.

○ 풀밭에 서 있는 수컷. 가슴의 검은 띠가 중앙부에서 끊어진다.

흰물떼새Kentish Plover

수컷은 여름에 뒷머리가 갈색을 띠며, 검은 눈선이 있다. 암컷은 몸 윗면이 밝은 갈색이고, 아랫면은 희다. 바닷가 모래밭에서 주로 생활하며, 모래를 오목하게 파고 알을 낳는다. 새끼는 솜털이 난 채로 알에서 깨고, 솜털이 마르면 바로 어미를 따라 나선다.

물떼새과

크기 16~17cm
사는 곳 바닷가 모래밭,
    갯벌
나타나는 때 1년 내내
먹이 수서 무척추동물,
    곤충
개체수 흔함

1 암컷은 몸 윗면이 밝은 갈색이다.
2 알은 보통 3개 낳는다.
3 알에서 깨면 바로 어미를
  따라 나선다.

○ 목과 가슴의 경계에 검은 줄무늬가 있다.(위)
○ 여름깃은 머리꼭대기부터 가슴까지 주황색이다.(아래)

왕눈물떼새 Lesser Sand Plover

봄과 가을에 관찰되는 새로, 무리지어 이동한다. 다리
는 어두운 회색이고, 검은 눈선이 있다. 이마는 희고,
목과 가슴의 경계에 가늘고 검은 줄무늬가 있다. 여
름에는 머리꼭대기부터 가슴까지 주황색을 띤다. 겨
울에는 검은 눈선과 주황색 깃이 사라지고, 흰 눈썹
선과 가슴에 갈색 띠가 생긴다.

물떼새과

크기 19~20cm
사는 곳 갯벌, 강 하구
나타나는 때 봄, 가을
먹이 곤충, 갯지렁이
개체수 흔함

130

o 뒷목과 가슴이 주황색을 띤다.

물떼새과

크기 23~25cm
사는 곳 갯벌, 강 하구
나타나는 때 봄, 가을
먹이 곤충, 작은 게
개체수 희귀함

큰왕눈물떼새 Greater Sand Plover

왕눈물떼새에 비해 부리가 길고, 다리는 노란색, 뒷목과 가슴은 주황색이다. 가슴의 주황색 부분은 왕눈물떼새에 비해 폭이 좁고, 목에 검은 띠가 없어 구별하기 쉽다. 어린 새는 옅은 갈색 눈썹선과 가슴에 굵은 갈색 띠가 있다. 봄과 가을에 관찰되며, 왕눈물떼새 무리에 섞인 몇몇 개체를 볼 수 있다.

131

o 건조한 풀밭이나 마른 땅을 좋아한다.(위)
o 어린 새가 이동하다 지쳐서 쉰다.(아래)

큰물떼새Oriental Plover

검은 눈선이 없어 다른 물떼새와 구별된다. 수컷은 여름에 얼굴이 희고, 가슴은 주황색이며, 가슴과 배의 경계에 검은 띠가 있다. 암컷은 몸 윗면과 얼굴부터 가슴까지 갈색이고, 배와 아래꼬리덮깃은 희다. 다른 물떼새류와 달리 건조한 풀밭을 좋아한다.

물떼새과

크기 23~25cm
사는 곳 건조한 풀밭
나타나는 때 봄, 가을
먹이 곤충, 지렁이
개체수 희귀함

132

○ 마른 풀 사이에 몸을 숨겼다.(위)
○ 수컷이 새끼들을 돌본다.(왼쪽)
○ 암컷이 수컷보다 몸빛이 화려하다.
(오른쪽)

호사도요과

크기 23~26cm
사는 곳 강, 하구, 논
나타나는 때 1년 내내
먹이 곤충, 갯지렁이
개체수 희귀함

호사도요 Greater Painted Snipe

다른 새들과 달리 수컷보다 암컷이 화려하다. 부리는 길고 끝이 약간 뭉룩하여 다른 도요류와 구별된다. 눈 주위의 흰색이 옆목까지 이어진다. 암컷이 수컷을 유혹해 짝짓기를 유도하고, 짝짓기가 끝나면 다른 수 컷을 찾아 떠난다. 남은 수컷이 알을 품고 새끼를 키 운다. 천연기념물 449호다.

ㅇ노란 뒷목과 긴 꼬리가 특징이다. 번식기인 여름이 되면 길고 검은 꼬리가 생긴다.

물꿩Pheasant-tailed Jacana

매우 긴 발가락이 특징이다. 머리와 얼굴, 목이 희고, 뒷목은 노란색, 가슴과 배는 검은색, 등은 갈색이다. 암컷이 수컷에 비해 크며, 수컷 여러 마리와 짝짓기를 한다. 물풀로 둥지를 만들고, 알은 네 개 정도 낳는다. 2006년 7월 제주도에서 번식했다.

물꿩과

크기 39~58cm
사는 곳 습지, 저수지
나타나는 때 불규칙함
먹이 곤충, 물풀의 열매
개체수 아주 희귀함

1 수컷 여러 마리와 짝짓기 하는
  암컷.
2 둥지 위에서 짝짓기 한다.
3 어미를 떠나 독립한 어린 새.
4 부화한 새끼들은 물풀 위에
  돌아다니며 먹이를 찾는다.
5 알은 보통 4개 낳는다.

135

○ 마른 땅에서 먹이를 찾는다.(위)
○ 숲에 산다.(아래)

멧도요 Eurasian Woodcock

이름에서 알 수 있듯이 숲에 사는 도요로, 깍도요류에 비해 크고 무겁다. 뒷머리에 검고 굵은 줄무늬가 있다. 주로 해질녘부터 활동한다. 부리로 마른 땅을 콕콕 찌르며 지렁이, 곤충 등을 찾아 먹는다.

도요과	
크기	33~35cm
사는 곳	숲, 농경지
나타나는 때	봄, 가을
먹이	지렁이, 곤충
개체수	흔하지 않음

o 흐르는 계곡물에서 먹이를 찾는다.

도요과

크기 29~31cm
사는 곳 산간 계곡
나타나는 때 봄, 가을,
　　　　　　　겨울
먹이 지렁이, 곤충
개체수 흔하지 않음

청도요 Solitary Snipe

몸빛이 어두운 갈색을 띤다. 흰 눈썹선에 어두운 갈색 무늬가 있다. 주로 산간 계곡의 얕은 물가에 내려앉아 긴 부리로 먹이를 잡는다. 이동할 때는 가끔 논이나 습지에 잠시 내려앉아 쉬거나 먹이를 잡는 모습도 눈에 띈다.

◦ 감자밭에서 주변을 살핀다.

큰깍도요 Latham's Snipe

깍도요류 중에 가장 크다. 앉았을 때 꼬리가 날개 밖으로 많이 나온 것처럼 보인다. 서 있을 때 고개를 치켜들어 주변을 경계하기도 한다. 깍도요류를 잡거나 가까이 관찰할 기회가 있다면 꼬리깃을 세어 보는 것도 구별하는 데 도움이 된다. 큰깍도요의 꼬리깃은 열여덟 개다.

도요과

크기 28~30cm
사는 곳 논, 습지, 풀밭
나타나는 때 봄, 가을
먹이 지렁이, 곤충
개체수 희귀함

138

o 논둑에서 쉰다.(위)
o 다른 깍도요류에 비해 부리가 짧다.
(왼쪽)
o 꼬리의 가장자리 깃이 가늘고 길다.
(오른쪽)

도요과
크기 25~27cm
사는 곳 논, 습지
나타나는 때 봄, 가을
먹이 지렁이
개체수 흔하지 않음

바늘꼬리도요Pin-tailed Snipe

깍도요와 매우 비슷하나, 부리와 날개 밖으로 드러난 꼬리깃이 짧다. 꼬리를 펼쳤을 때 가장자리 깃이 가늘고 길어 바늘처럼 보인다고 해서 붙은 이름이다. 꼬리깃은 보통 스물여섯 개다.

○마른 풀밭에서 주변을 살핀다.

꺅도요사촌 Swinhoe's Snipe

가늘고 길며 곧게 뻗은 부리는 갈색이고, 끝이 검다. 꼬리 바깥쪽에 바늘처럼 가는 깃털이 있다. 몸빛은 갈색이다. 논이나 물이 얕은 습지에서 긴 부리로 땅을 콕콕 쑤셔 먹이를 찾는다. 다른 꺅도요류에 비해 습지 가장자리 등 다소 마른 곳을 좋아한다.

도요과	
크기	27cm
사는 곳	논, 습지, 강가
나타나는 때	봄, 가을
먹이	지렁이, 곤충
개체수	흔하지 않음

140

○ 주로 논이나 물이 얕은 습지에서
　관찰된다.(위)
○ 부리로 진흙 펄을 콕콕 쑤셔서
　먹이를 찾는다.(왼쪽)
○ 진흙 펄 속의 먹이를 찾아서 먹는다.
　(오른쪽)

도요과
크기 25~27cm
사는 곳 논, 습지
나타나는 때 봄, 가을, 　　　　　　 겨울
먹이 지렁이
개체수 흔함

꺅도요 Common Snipe

부리는 가늘고 길며, 곧게 뻗었다. 머리꼭대기 양쪽으로 검은 줄무늬가 있으며, 검은 눈선이 뒷목까지 이어진다. 몸빛은 갈색이다. 논이나 물이 얕은 습지에서 긴 부리로 진흙 펄을 콕콕 쑤셔서 먹이를 찾는다. 놀라서 날아갈 때 '꺅' 소리를 낸다고 해서 붙은 이름이다. 꼬리깃은 대략 열네 개다.

ㅇ얕은 물이 고인 습지에서 쉰다.

긴부리도요 Long-billed Dowitcher

부리가 길고 곧다. 여름에는 머리부터 배까지 적갈색
이며, 겨울에는 회색이 도는 갈색이다. 물이 얕은 진
흙 펄에 긴 부리를 찌르면서 먹이를 찾는 행동이 꺅도
요와 비슷하다. 우리 나라에서는 1999년 12월에 처음
관찰되었으며, 길 잃은 새다.

도요과

크기 27~30cm
사는 곳 펄, 습지,
저수지
나타나는 때 불규칙함
먹이 수서곤충
개체수 아주 희귀함

○파래가 있는 바닷가에서 먹이를 찾는다.

도요과

크기 35cm
사는 곳 갯벌, 강 하구
나타나는 때 봄, 가을
먹이 해양 무척추동물,
　　　　조개
개체수 희귀함

큰부리도요 Asian Dowitcher

길고 검은 부리가 곧게 뻗었다. 머리와 목, 가슴, 등이 여름에 붉은빛을 띠는 갈색이다가, 겨울에 회색을 띠는 갈색으로 바뀐다. 얕은 물에서 긴 부리로 콕콕 찍어 먹이를 잡는다.

o 목과 가슴이 적갈색을 띠는 여름깃(위)
o 부리는 길고 곧으며 끝이 검다.(아래)

흑꼬리도요 Black-tailed Godwit

노란빛을 띠는 분홍색 부리는 끝이 검으며, 길고 곧
다. 흰 눈썹선이 있고, 꼬리 끝이 검다. 여름에는 목과
가슴이 적갈색이며, 배에 검은 줄무늬가 생긴다. 겨울
에는 적갈색이 회색이나 옅은 갈색이 되며, 배의 줄무
늬가 사라진다. 갯벌이나 논에서 작은 무척추동물을
잡아먹으며, 간혹 씨앗을 먹기도 한다.

도요과

크기 36~41cm
사는 곳 갯벌, 논
나타나는 때 봄, 가을
먹이 수서 무척추동물
개체수 흔함

o 길고 위로 휜 부리가 특징이다.(위)
o 몸의 붉은빛이 사라지면서 겨울깃으로 바뀐다.(아래)

도요과

크기 37~40cm
사는 곳 갯벌, 하구
나타나는 때 봄, 가을
먹이 해양 무척추동물,
곤충
개체수 흔함

큰뒷부리도요Bar-tailed Godwit

다리가 검고, 분홍색 부리는 위로 휘었으며 끝이 검다. 희미한 눈썹선이 있다. 여름에는 몸이 붉은빛을 띠며, 아랫배와 아래꼬리덮깃은 희다. 겨울에는 몸 윗면이 회색을 띠는 갈색이고, 아랫면은 흰색이다. 날때 흰 꼬리에 가늘고 검은 줄무늬가 보인다.

o 무리지어 이동하다가 잠시 쉰다.(위)
o 먹이를 찾아 풀밭을 돌아다닌다.
(왼쪽)
o 여러 마리가 무리지어 먹이를
찾는다.(오른쪽)

쇠부리도요Little Curlew

마도요류 중에 가장 작다. 부리는 짧고 끝이 아래로
약간 휘었다. 옅은 갈색 눈썹선이 넓다. 다른 마도요
류에 비해 건조한 풀밭을 좋아하며, 보리밭이나 공항
의 잔디밭에서 드물게 관찰된다. 주로 작은 무리가
우리 나라에 오지만, 봄에 제주도 서쪽 풀밭에서 70여
마리가 떼지어 있는 것이 관찰되기도 한다.

도요과

크기 29~30cm
사는 곳 풀밭
나타나는 때 봄, 가을
먹이 곤충, 지렁이
개체수 희귀함

o 이동하다 지쳐서 갯바위에 내려앉아 쉰다.(위)
o 잡은 게는 다리를 떼고 먹는다.(왼쪽)
o 힘차게 날아오른다.(오른쪽)

도요과

크기 41~45cm
사는 곳 갯벌, 강 하구, 바닷가
나타나는 때 봄, 가을
먹이 곤충, 지렁이, 게
개체수 흔함

중부리도요Whimbrel

마도요류 가운데 중간 정도 크기다. 머리꼭대기에 흑갈색 줄무늬와 가는 눈선 때문에 눈썹선이 있는 것처럼 보인다. 몸 윗면은 어두운 갈색이고, 아랫면은 옅은 갈색에 흑갈색 반점이 흩어져 있다. 날 때 흰 허리가 뚜렷하게 보인다.

◦얕은 바닷가에서 먹이를 찾는다.

마도요Eurasian Curlew

도요류 가운데 큰 편이다. 길고 가는 부리는 아래로 휘었다. 몸빛이 밝은 갈색을 띠며, 아래꼬리덮깃은 희다. 쉴 때 허리의 흰빛이 뚜렷하게 보인다. 이동하는 봄과 가을에 주로 관찰되지만, 전국의 바닷가와 강하구에서 겨울을 나는 모습도 눈에 띈다.

도요과

크기 56~60cm
사는 곳 갯벌, 강 하구
나타나는 때 봄, 가을, 겨울
먹이 곤충, 게
개체수 흔함

○ 가늘고 길며 아래로 휜 부리가 특징이다.(위)
○ 잡은 게를 먹는다.(아래)

도요과

크기 58~64cm
사는 곳 갯벌, 강 하구,
　　　　　　바닷가
나타나는 때 봄, 가을
먹이 게, 새우, 곤충
개체수 흔함

알락꼬리마도요Eastern Curlew

부리가 마도요처럼 가늘고 길며 아래로 휘었다. 몸빛은 갈색을 띠며, 아랫배와 아래꼬리덮깃도 갈색으로 마도요와 구별된다. 길고 휜 부리로 갯벌이나 갯바위에 숨은 게나 새우 등을 잡아먹는다. 게를 잡으면 다리를 떼어내고 몸통을 입에 넣어 삼킨다.

o 어린 새는 가슴부터 꼬리까지 회갈색 줄무늬가 있다.(위)
o 부리가 가늘고 길며, 아랫부리는 붉은색이다.(왼쪽)
o 깃에 부리를 묻고 쉰다.(오른쪽)

학도요 Spotted Redshank

부리는 가늘고 길며, 윗부리는 검은색, 아랫부리는 붉은색을 띤다. 다리는 붉은빛이 도는 검은색이다. 여름에는 몸 전체가 검어져 흰 눈테가 뚜렷하다. 등과 날개에 흰 반점이 흩어져 있다. 겨울에는 몸 윗면이 짙은 회색이고, 다리는 붉어지며, 흰 눈썹선이 생긴다.

도요과

크기 29~31cm
사는 곳 논, 갯벌
나타나는 때 봄, 가을
먹이 곤충, 작은 새우
개체수 흔함

○다리의 붉은색은 계절에 따라 그 정도가 다르다.(위)
○어린 새가 얕은 물이 고인 습지에서 먹이를 찾는다.(아래)

도요과	
크기	27~29cm
사는 곳	논, 갯벌
나타나는 때	봄, 가을
먹이	곤충, 지렁이
개체수	흔함

붉은발도요 Common Redshank

이름에서 알 수 있듯이 다리가 붉다. 그 색은 계절에 따라 정도가 다르며, 겨울에는 옅어진다. 붉은 부리는 끝으로 갈수록 검다. 목부터 배까지 어두운 갈색 반점이 늘어서는데, 이 반점은 겨울이 되면 희미해지거나 사라진다.

o 부리가 가늘고 곧다.

쇠청다리도요 Marsh Sandpiper

부리가 곧고 가늘며, 머리는 작고, 몸은 날씬하다. 여름에는 다리가 노란색을 띠며, 가슴과 옆구리에 검은 반점이 세로로 늘어선다. 겨울에는 반점이 거의 사라지고, 얼굴은 하얘진다. 민물이 고인 습지에서 작은 곤충이나 갑각류를 잡아먹는다.

도요과
크기 22~25cm
사는 곳 민물 습지, 논
나타나는 때 봄, 가을
먹이 작은 곤충, 갑각류
개체수 흔하지 않음

o 다리가 노란빛을 띠는 녹색이다.(위)
o 부리가 약간 위로 휘었다.(아래)

도요과

크기 33~35cm
사는 곳 갯벌, 논, 습지
나타나는 때 봄, 가을
먹이 곤충, 작은 물고기
개체수 흔함

청다리도요 Common Greenshank

도요류 가운데 흔히 관찰되는 종이다. 다리는 이름처럼 푸르지 않고 노란빛을 띠는 녹색이다. 부리는 길고 끝이 약간 위로 휘었다. 여름에는 목과 가슴, 옆구리에 검은 반점이 세로로 늘어서지만, 겨울이 되면 희미해지거나 사라진다.

o 갯바위에서 쉰다.

청다리도요사촌 Nordmann's Greenshank

부리가 굵고 길며, 위로 약간 휘었다. 다리는 짧고 노
란색이며, 허리와 날개 아랫면이 흰색이다. 여름에
는 머리와 가슴에 검은 반점이 뚜렷하고, 몸 윗면은
검게 보인다. 멸종 위기 야생 생물 1급으로 지정되
었다.

도요과

크기 30cm
사는 곳 바닷가, 갯벌
나타나는 때 봄, 가을
먹이 갑각류, 연체동물
개체수 희귀함

154

○ 부리기부까지 이어진 눈썹선이 독특하다.(위)
○ 얕은 물이 고인 습지에서 먹이를 찾는다.(아래)

도요과

빽빽도요Green Sandpiper

크기 22~24cm
사는 곳 논, 습지,
저수지
나타나는 때 봄, 가을,
겨울
먹이 곤충, 갑각류
개체수 흔하지 않음

머리와 등, 날개는 녹색이 도는 흑갈색이고, 배는 흰색이며, 등과 날개에 작고 흰 반점이 흩어져 있다. 흰 눈테와 부리기부까지 이어진 눈썹선이 특징이다. 날 때 흰 꼬리에 굵고 검은 줄무늬가 눈에 띈다. 먹이를 찾거나 걸어다닐 때 꼬리를 까딱거리기도 한다.

o 습지에서 먹이를 찾다가 주변을 살핀다.(위)
o 길고 뚜렷한 눈썹선.(아래)

알락도요 Wood Sandpiper

흰 눈썹선이 길고 뚜렷하며, 다리는 노랗다. 몸 윗면
은 어두운 갈색에 흰 반점이 흩어져 있다. 어린 새는
몸 윗면이 밝은 갈색이다. 날 때 흰 꼬리에 가늘고 검
은 줄무늬가 보여 삑삑도요와 구별된다. 봄, 가을 이
동할 때 논에서 흔히 관찰할 수 있다.

도요과

크기 19~21cm
사는 곳 논, 습지
나타나는 때 봄, 가을
먹이 곤충
개체수 흔함

o 길고 위로 휜 부리가 특징이다.(위)
o 무리지어 쉬는 모습.(아래)

도요과

크기 22~24cm
사는 곳 갯벌, 강 하구
나타나는 때 봄, 가을
먹이 곤충
개체수 흔함

뒷부리도요 Terek Sandpiper

부리가 길고 위로 휘었다. 몸 윗면은 갈색을 띠는 회색이고, 다리는 노랗다. 여름에는 어깻죽지에 검은 띠가 보이고, 머리와 목, 가슴은 회색을 띤다. 겨울이 되면 턱과 목, 가슴이 하얘진다. 무리지어 이동하며, 봄과 가을에 흔히 관찰된다.

o 바위에서 쉬는 어미 새.(위)
o 혼자 다니며 먹이를 찾는다.(왼쪽)
o 알은 보통 4개 낳는다.(오른쪽)

깝작도요 Common Sandpiper

도요류 중 유일하게 우리 나라에서 번식하며, 흔히 관찰된다. 몸 윗면은 회색을 띠는 갈색이며, 흰 눈썹선이 특징이다. 보통 단독으로 생활하며, 가끔 작은 무리를 짓기도 한다. 이동하거나 서 있을 때 꼬리를 까딱거린다. 따뜻한 남부 지방에서는 겨울에도 드물게 관찰된다.

도요과

크기 19~21cm
사는 곳 개울, 바닷가
나타나는 때 여름
먹이 작은 조개류, 곤충
개체수 흔함

○ 다리와 발이 노랗다.(위)
○ 갯바위에서 먹이를 찾는다.(아래)

<table>
<tr><td colspan="2">도요과</td></tr>
<tr><td>크기</td><td>23~27cm</td></tr>
<tr><td>사는 곳</td><td>갯벌, 바닷가</td></tr>
<tr><td>나타나는 때</td><td>봄, 가을</td></tr>
<tr><td>먹이</td><td>갑각류, 곤충</td></tr>
<tr><td>개체수</td><td>흔하지 않음</td></tr>
</table>

노랑발도요 Grey-tailed Tattler

이름에서 알 수 있듯이 다리와 발이 노랗고, 몸 윗면은 어두운 회색을 띤다. 여름에는 몸 아랫면에 어두운 회색 줄무늬가 생긴다. 흰 눈썹선이 뚜렷해 가늘고 검은 눈선과 대조된다.

○해초나 작은 돌을 뒤집기 편리한 부리.(위)
○어린 새가 바닷가 모래밭에서 먹이를 찾는다.(아래)

꼬까도요 Ruddy Turnstone

부리가 짧고 곧으며, 다리는 주황색이다. 여름에는 얼굴과 목, 가슴에 희고 검은 줄무늬가 뚜렷하다. 등과 날개는 붉은빛이 도는 갈색이고, 검은 가로줄 무늬가 있다. 어린 새는 붉은빛이 없다. 겨울이면 등과 날개가 어두운 갈색으로 바뀐다.

도요과

크기 21~23cm
사는 곳 바닷가, 갯벌
나타나는 때 봄, 가을
먹이 갑각류, 곤충
개체수 흔함

o 이동하다 지쳐 논에서 먹이를 찾는다.(위)
o 목과 가슴이 붉은 여름깃.(아래)

도요과

크기 23~25cm
사는 곳 갯벌, 강 하구
나타나는 때 봄, 가을
먹이 곤충, 연체동물
개체수 흔함

붉은가슴도요Red Knot

도요류 가운데 중간 크기다. 몸이 둥글고 통통하며, 다리는 회색이 도는 노란색이다. 여름에는 얼굴과 목, 가슴, 배가 붉고, 몸 윗면이 갈색을 띤다. 겨울에는 붉은색이 없어지고, 몸 윗면이 회색으로 바뀌며, 가슴과 옆구리에 검은 무늬가 생긴다. 주로 붉은어깨도요 무리에 섞여 있는 것이 관찰된다.

○파도에 밀려온 해초 사이에서 먹이를 찾는다.

붉은어깨도요Great Knot

머리에 비해 부리가 길고, 끝이 약간 아래로 휘었다.
다리는 노란빛이 도는 회색이며, 부리는 검다. 여름에
는 어깨 부분에 붉은빛이 도는 갈색 깃털이 보이며,
가슴에 크고 검은 반점이 모여 있다. 겨울에는 붉은빛
이 사라진다.

도요과	
크기	26~28cm
사는 곳	갯벌, 강 하구
나타나는 때	봄, 가을
먹이	곤충, 연체동물
개체수	흔함

162

1 무리지어 이동하다가 지쳐 쉰다.
2 가슴에 크고 검은 반점이 모여 있다.
3 어린 새가 주변을 경계한다.

o 바닷가 모래밭에서 먹이를 찾는다.(위)
o 이동 경로를 알기 위해 오스트레일리아에서 가락지를 끼워 보낸 개체.(아래)

세가락도요Sanderling

부리와 다리가 검다. 여름에는 머리와 목, 가슴, 등이
갈색을 띠지만, 겨울에는 이 부분이 흰색으로 바뀐다.
옆구리 부분에서 접힌 날개는 검다. 어린 새는 등과
어깨깃이 검고, 흰 반점이 있다. 발가락이 세 개라서
이름에 '세가락'이 붙었다.

도요과

크기 20~21cm
사는 곳 바닷가 모래밭,
강 하구
나타나는 때 봄, 가을,
겨울
먹이 해양 무척추동물
개체수 흔하지 않음

○먹이를 찾아 걸어서 이동하는 모습.(위)
○이동 경로를 알기 위해 오스트레일리아에서 가락지를 끼워 보낸 개체.(아래)

도요과
크기 14~15cm
사는 곳 갯벌, 강 하구
나타나는 때 봄, 가을
먹이 수서 무척추동물, 갯지렁이
개체수 흔함

좀도요 Red-necked Stint

도요류 중 크기가 작은 편이며, 다리가 검다. 여름에는 얼굴과 목, 등이 붉은빛 도는 갈색을 띤다. 겨울에는 몸 윗면이 회색, 아랫면은 흰색으로 바뀐다. 봄과 가을에 큰 무리가 우리 나라 갯벌에 찾아와 잠시 머물다가 떠난다.

165

○얕은 물에서 먹이를 찾는다.(위)
○노란 다리가 특징이다.(아래)

흰꼬리좀도요Temminck's Stint

부리가 검고, 다리는 대부분 노란색을 띤다. 몸 윗면이 옅은 갈색이며, 목과 가슴은 회색이 도는 갈색이다. 어린 새는 어미 새와 비슷하지만, 날개깃이 비늘 모양으로 보인다. 바닷물보다 민물인 습지나 논을 좋아한다.

도요과

크기 13~15cm
사는 곳 민물 습지, 강, 논
나타나는 때 봄, 가을
먹이 수서 무척추동물
개체수 흔하지 않음

o 목을 곧추세우고 주변을 경계한다.(위)
o 얕은 물에서 먹이를 찾는다.(아래)

<table>
<tr><td colspan="2" style="text-align:center">도요과</td></tr>
</table>

크기 14~15cm
사는 곳 논, 습지
나타나는 때 봄, 가을
먹이 수서 무척추동물,
　　　곤충
개체수 흔하지 않음

종달도요Long-toed Stint

갯벌보다 논이나 습지를 좋아하며, 다리에 노란색이
뚜렷하다. 여름에는 몸 윗면이 갈색을 띠다가, 겨울에
옅어진다. 목과 가슴에는 검은 반점이 줄무늬처럼 늘
어섰다. 이동하거나 가만히 서 있을 때 목을 곧추세
운다.

○ 얕은 물가에 돌아다니며 먹이를 찾는다.(위)
○ 파래 위에 서서 주변을 살핀다.(아래)

아메리카메추라기도요 Pectoral Sandpiper

부리 끝이 검고, 다리는 노란색이다. 흰색 눈썹선이
있고, 목과 가슴에는 세로줄 무늬가 뚜렷하다. 여름
에는 등이 붉은빛을 띠는 갈색이고, 겨울에는 회색
을 띠는 갈색이다. 얕은 물에서 걸어다니며 먹이를 찾
는다.

도요과

크기 22cm
사는 곳 논, 저수지
나타나는 때 봄, 가을
먹이 곤충, 갯지렁이
개체수 희귀함

168

o 머리꼭대기는 붉은빛을 띠는 갈색이다.

도요과

메추라기도요Sharp-tailed Sandpiper

크기 19~21cm
사는 곳 내륙의 습지,
논
나타나는 때 봄, 가을
먹이 갑각류, 곤충
개체수 흔함

붉은빛을 띠는 갈색 머리꼭대기와 흰 눈썹선이 뚜렷
하다. 머리와 가슴, 등, 날개는 갈색을 띠며, 목과 가
슴에 검은 반점이 세로로 줄지어 있다. 여름에는 반점
이 배와 옆구리까지 번지며, 더 선명해진다. 어린 새
는 갈색이 더 짙다.

169

ㅇ부리 끝이 가늘고 아래로 휘었다.

붉은갯도요Curlew Sandpiper

부리는 길고 아래로 휘었으며, 민물도요에 비해 끝이 가늘고 휜 정도가 뚜렷하다. 여름에는 머리와 얼굴, 가슴, 배가 붉은빛을 띠지만, 겨울에는 붉은빛이 사라진다. 부드러운 갯벌에 부리를 쑤셔 넣고 먹이를 찾는다.

도요과

크기 18~20cm
사는 곳 갯벌, 논, 습지
나타나는 때 봄, 가을
먹이 작은 무척추동물, 지렁이
개체수 흔하지 않음

○ 여름깃은 머리부터 가슴까지
  적갈색이다.(위)
○ 얕은 물에서 먹이를 찾는다.(왼쪽)
○ 넓적한 주걱 모양 부리가 특징이다.
  (오른쪽)

도요과

크기 14~15cm
사는 곳 갯벌, 강 하구
나타나는 때 봄, 가을
먹이 갑각류
개체수 아주 희귀함

넓적부리도요 Spoon-billed Sandpiper

넓적한 주걱 모양 부리로 모래나 갯벌을 밀어 작은
갑각류를 잡아먹는다. 주로 좀도요 무리에 섞여 있는
것이 관찰되는데, 크기나 몸빛이 비슷해서 무심코 지
나칠 때가 많다. 전세계적으로 개체수가 줄어 보호가
절실한 종이다.

o 배에 검은 무늬가 없어진 겨울깃.

민물도요 Dunlin

긴 부리가 아래로 휜 것이 특징이다. 여름에는 등이
붉은빛이 강한 갈색이고, 윗배에 크고 검은 무늬가 생
긴다. 겨울에는 몸 윗면이 회갈색이며, 배에 검은 무
늬가 사라진다. 도요류 중에 가장 흔히 눈에 띄는 종
으로, 봄과 가을에 큰 무리가 관찰된다. 일부는 바닷
가 등지에서 겨울을 나기도 한다.

도요과

크기 18~20cm
사는 곳 갯벌, 강 하구
나타나는 때 봄, 가을,
　　　　　　 겨울
먹이 곤충, 연체동물
개체수 흔함

172

1 배에 검은 무늬가 있는 여름깃 무리.
2 바닷가 모래밭에서 무리지어 겨울을 난다.
3 떼지어 날아간다.

○ 흰 눈썹선이 2개다.(위)
○ 긴 부리는 끝이 아래로 휘었다.(왼쪽)
○ 얕은 물에서 먹이를 찾는다.(오른쪽)

송곳부리도요Broad-billed Sandpiper

긴 부리는 끝이 아래로 휘었다. 흰 눈썹선이 두 개로, 다른 도요류와 쉽게 구별된다. 여름에는 등이 갈색이며, 목과 가슴에 늘어선 검은 반점이 겨울에 비해 뚜렷하다. 예전보다 개체수가 줄어 관찰하기 어렵다.

도요과	
크기	16~17cm
사는 곳	갯벌, 강 하구
나타나는 때	봄, 가을
먹이	곤충, 갯지렁이
개체수	흔하지 않음

○얕은 물가에서 먹이를 찾아 돌아다닌다.

도요과

크기 19cm
사는 곳 습지, 논,
　　　　강 하구
나타나는 때 불규칙함
먹이 곤충
개체수 아주 희귀함

누른도요Buff-breasted Sandpiper

몸 아랫면이 노란빛을 띠는 갈색이고, 머리꼭대기는
검은색 줄무늬가 있다. 검은 부리에 다리는 노랗다.
어린 새는 몸 아랫면이 옅은 갈색이다. 2007년 낙동
강 하구, 2013년 제주도에서 관찰된 기록이 있다.

○우리 나라에서는 주로 어린 새가 관찰된다.(위)
○얕은 물이 고인 습지에서 어린 새가 쉰다.(아래)

목도리도요Ruff

수컷이 암컷보다 크다. 여름에 수컷 목과 머리에 붉은 색, 흰색, 갈색 등의 장식깃이 생기는데, 목도리를 한 것 같아서 붙은 이름이다. 암컷은 장식깃이 없다. 우리 나라에서는 주로 어린 새가 관찰된다. 몸 윗면은 검은색에 갈색 비늘 무늬가 흩어진 것처럼 보이고, 아랫면은 옅은 갈색이다.

도요과

크기 암컷 25cm,
　　　수컷 30cm
사는 곳 논, 갯벌
나타나는 때 봄, 가을
먹이 곤충, 작은 갑각류
개체수 희귀함

176

o 먼 바다를 통과하기 때문에 가끔
  바닷가에서 1~2마리가 관찰될
  뿐이다.(위)
o 옆목과 가슴이 붉은빛을 띠는
  여름깃.(왼쪽)
o 무리지어 이동한다.(오른쪽)

도요과

크기 18~19cm
사는 곳 먼 바다,
　　　　　바닷가
나타나는 때 봄, 가을
먹이 물 표면의 곤충
개체수 흔함

지느러미발도요 Red-necked Phalarope

가늘고 뾰족하며 검은 부리가 특징이다. 여름에는 옆
목과 가슴이 붉은색이고, 등은 갈색, 나머지 부분은
회색을 띤다. 겨울에는 붉은색이 사라지고, 검은 눈선
이 생긴다. 봄과 가을에 큰 무리가 이동하지만, 바닷
가나 내륙보다 주로 먼 바다를 통과하기 때문에 관찰
하기 어렵다.

○눈앞부터 뺨을 지나 앞목까지 가늘고 검은 줄무늬가 있다.

제비물떼새 Oriental Pratincole

부리가 짧고 끝이 아래로 휘었다. 다리는 짧고, 긴 날
개는 끝이 뾰족하며, 꼬리는 제비류처럼 깊이 파였다.
여름에는 부리가 붉은색이며 끝은 검고, 눈앞부터 뺨
을 지나 앞목까지 가늘고 검은 줄무늬가 있다. 겨울
에는 부리의 붉은색이 사라진다.

제비물떼새과

크기 23~24cm
사는 곳 농경지, 풀밭
나타나는 때 봄, 가을
먹이 곤충
개체수 희귀함

1 부리가 짧고 끝이 아래로 휘었다.
2 주로 날면서 곤충을 잡아먹는다.
3 먼 거리를 이동하다가 지쳐서 쉰다.

o 갯바위에 앉아 쉰다.(위)
o 번식지에서 무리지어 쉬는 모습.(아래)

괭이갈매기Black-tailed Gull

날개와 등이 짙은 회색이고, 날개 끝은 검다. 꼬리는
흰색이며 끝이 검다. 다리와 부리는 노랗고, 부리 끝
에 검붉은 띠가 있다. 어린 새는 꼬리가 검고, 다리와
부리는 분홍색이며, 부리 끝이 검다. 울음소리가 고양
이와 비슷하다고 해서 붙은 이름이다. 홍도, 독도 등
에서 아주 흔하게 번식한다.

갈매기과

크기 46~47cm
사는 곳 바닷가,
　　　　강 하구
나타나는 때 1년 내내
먹이 동물의 사체,
　　　물고기
개체수 아주 흔함

180

○물가에 걸어다니며 먹이를 찾는다.

갈매기과

크기 42~44cm
사는 곳 바닷가,
　　　강 하구
나타나는 때 겨울
먹이 곤충, 물고기
개체수 흔함

갈매기Mew Gull

날개와 등이 회색이고, 부리와 다리는 노랗다. 첫째 날개깃 끝 부분은 검은 바탕에 흰 반점이 있다. 어미 새는 꼬리가 희지만, 어린 새는 꼬리 끝이 검다. 어린 새는 다리와 부리가 분홍색이며, 부리 끝은 검다. 겨울에 관찰되며, 괭이갈매기와 비슷하지만 부리가 짧고 머리가 더 둥글다.

181

○ 갯바위에서 바람을 피해 쉰다. 오른쪽이 수리갈매기다.

수리갈매기Glaucous-winged Gull

부리가 두껍고 노란색이며, 아랫부리 끝에 붉은 반점
이 있다. 겨울에는 머리와 목에 갈색 줄무늬가 있고,
날개 끝이 회색으로 다른 갈매기류와 구별된다. 주로
동해안에서 겨울을 보낸다.

갈매기과

크기 63cm
사는 곳 바닷가, 바다
나타나는 때 겨울
먹이 물고기
개체수 희귀함

o 몸빛이 희고, 날개와 등은
  밝은 회색이다.(위)
o 머리와 목, 가슴에 회색을 띠는
  갈색 반점이 있다.(왼쪽)
o 1년생 어린 새의 겨울깃(오른쪽)

갈매기과

크기 68~71cm
사는 곳 바닷가,
　　　　　　강 하구
나타나는 때 겨울
먹이 물고기
개체수 적음

흰갈매기 Glaucous Gull

몸빛이 희다. 날개와 등은 밝은 회색이고, 다리는 분홍색이며, 노란 부리에 붉은 반점이 있다. 1년생은 몸이 밝은 갈색이고, 2년생은 흰 몸에 연한 갈색 무늬가 흩어져 있다. 부리는 1년생과 2년생 모두 분홍색이며 끝이 검다. 겨울에 동해안에서 주로 관찰된다.

ㅇ 갯바위에서 쉰다.

재갈매기 Vega Gull

겨울에는 무리지어 지낸다. 다리는 분홍색이고, 등과 날개는 회색이며, 검은 날개 끝에 흰 반점이 있다. 노란 부리 끝에 붉은 반점이 있다. 이 반점은 새끼가 어미를 인식하는 곳으로, 배가 고플 때 이 부분을 부리로 쳐서 먹이를 요구한다.

갈매기과

크기 60~63cm
사는 곳 바닷가, 강 하구
나타나는 때 겨울
먹이 동물의 사체, 물고기
개체수 흔함

○ 모래밭에서 쉰다.

갈매기과

크기 61cm
사는 곳 바닷가, 바다
나타나는 때 불규칙함
먹이 물고기
개체수 아주 희귀함

옅은재갈매기 American Herring Gull

이름에서 알 수 있듯이 재갈매기와 아주 비슷한데, 등과 날개의 회색이 재갈매기보다 밝다. 앉았을 때 날개깃이 꼬리 밖으로 나온다. 겨울에 동해안에서 아주 드물게 관찰된다.

○다리가 분홍색인 개체다.

한국재갈매기ㅣMongolian Gull

머리와 몸 아랫면은 희고, 몸 윗면은 푸른빛이 도는 회색이다. 부리는 노랗고, 아랫부리 끝에 붉은 반점이 있다. 영명처럼 대부분 다리와 발이 노란데, 간혹 분홍색인 개체도 있다. 재갈매기보다 날개와 등의 색이 짙고, 머리와 뒷목에 줄무늬가 없다.

갈매기과

크기 58~64cm
사는 곳 바닷가,
　　　　강 하구
나타나는 때 겨울
먹이 동물의 사체,
　　　물고기
개체수 흔하지 않음

186

o 파도치는 갯바위에서 쉰다.

갈매기과

크기 61cm
사는 곳 바닷가, 하천
나타나는 때 겨울
먹이 물고기
개체수 흔함

줄무늬노랑발갈매기 Heuglin's Gull

부리가 노란색이고, 아랫부리 끝에 붉은 반점이 있다.
다리는 노란색이나 분홍색이다. 재갈매기와 비슷한데
날개 색이 다소 짙다. 겨울에는 머리와 목에 줄무늬가
뚜렷하다. 물 위를 날다가 갑자기 내려가 물고기를
낚아챈다.

◦등과 날개 색이 짙다.

큰재갈매기Slaty-backed Gull

갈매기류 중에서 등과 날개 색이 가장 짙다. 꼬리는 희고, 다리는 분홍색, 부리는 노란색에 붉은 반점이 있다. 갈매기류는 3년 정도 지나야 번식 능력이 생기며, 어미 새가 될 때까지 해마다 깃 색깔이 바뀐다. 겨울을 나는 갈매기 무리에서 어린 새와 어미 새를 구별해 보는 것도 탐조를 즐기는 방법이다.

갈매기과

크기 65∼67cm
사는 곳 바닷가,
    강 하구
나타나는 때 겨울
먹이 동물의 사체,
    물고기
개체수 흔함

o 갯바위에서 재갈매기들과 함께 쉰다.

갈매기과

크기 63cm
사는 곳 바닷가, 바다
나타나는 때 불규칙함
먹이 물고기
개체수 아주 희귀함

큰검은머리갈매기 Great Black-headed Gull

부리가 크고 노란색이며, 끝에 붉은색과 검은색 반점이 있다. 날개와 등은 회색이고, 끝 부분이 검다. 머리가 여름에는 검은색이고, 겨울이 되면 하얘진다. 한강, 천수만, 제주도 등에서 관찰된 기록이 있다.

o 머리가 흰 겨울깃.(위)
o 물 위에서 무리지어 쉬는 모습.(왼쪽)
o 날아서 이동한다.(오른쪽)

붉은부리갈매기Black-headed Gull

부리와 다리가 붉다. 여름에는 머리가 어두운 갈색이
지만 겨울에 하얘지며, 눈 옆에 검은 반점이 뚜렷하
다. 등과 날개는 밝은 회색이며, 날개 끝은 검다. 겨
울에 바닷가나 강 하구에서 무리지어 지내는 것을 쉽
게 관찰할 수 있다.

갈매기과

크기 37~42cm
사는 곳 바닷가,
강 하구
나타나는 때 겨울
먹이 물고기, 곤충
개체수 흔함

○ 여름깃. 모래밭에서 서성인다.(위)
○ 얕은 물에 앉았다.(아래)

검은머리갈매기 Saunders' Gull

갈매기과

크기 29~32cm
사는 곳 갯벌, 강 하구
나타나는 때 1년 내내
먹이 갯지렁이, 갑각류
개체수 적음

부리가 짧고 검으며, 다리는 검붉다. 나는 모습이 제비갈매기류처럼 보이기도 한다. 물 위나 갯벌 위를 날다가 먹이가 보이면 재빨리 내려앉아 부리로 잡는다. 여름에는 머리가 검고, 흰 눈테가 뚜렷하다. 개발로 인해 번식지가 파괴되고, 개체수가 급격히 감소해 세계적으로 멸종 위기에 처했다.

ㅇ 겨울에 모래밭에서 쉰다.

고대갈매기Relict Gull

머리와 이마가 각이 진 형태로, 다른 갈매기류와 뚜렷이 구별된다. 여름에는 머리와 날개 끝이 검지만, 겨울에는 머리가 하얘진다. 흰색 눈테가 뚜렷하다. 세계적으로 멸종 위기에 처해서 보호가 필요한 종이다. 적호갈매기라고도 한다.

갈매기과

크기 46cm
사는 곳 바닷가,
　　　　　강 하구
나타나는 때 겨울
먹이 물고기
개체수 희귀함

○바위에서 쉰다.(위)
○어미 새는 날 때 흰색 꼬리가 뚜렷하다.(아래)

갈매기과

크기 38~40cm
사는 곳 바다, 바닷가
나타나는 때 겨울
먹이 물고기
개체수 흔하지 않음

세가락갈매기Black-legged Kittiwake

머리와 몸 아랫면이 희다. 몸 윗면은 푸른빛이 도는
회색, 부리는 노란색이며, 짧은 다리는 검다. 겨울에
는 뒷목에 검은 반점이 생긴다. 어린 새는 날 때 날개
윗면에 검은색 'M 자형' 무늬가 보인다. 물 위를 날다
가 다이빙하듯이 먹이를 잡는다. 동해안에서 주로 관
찰된다.

193

○ 날면서 물고기를 찾는다.(위)
○ 먹이 사냥에 실패한 뒤 물기를 턴다.(아래)

큰부리제비갈매기Gull-billed Tern

부리가 두껍고 검다. 여름에는 머리꼭대기와 뒷머리가 검지만, 겨울에는 검은 부분이 사라지고 짧고 검은 눈선만 남는다. 수면 위를 날다가 먹이가 보이면 뛰어들어 낚아챈다.

갈매기과

크기 38cm
사는 곳 바닷가,
　　　강 하구
나타나는 때 불규칙함
먹이 곤충, 물고기
개체수 아주 희귀함

o 저수지나 물 위를 날면서 먹이를 찾는다.(위)
o 부리가 굵고 붉다.(아래)

갈매기과

크기 48~55cm
사는 곳 바닷가, 개울, 호수
나타나는 때 불규칙함
먹이 물고기
개체수 아주 희귀함

붉은부리큰제비갈매기Caspian Tern

제비갈매기류 가운데 큰 종에 속하며, 갈매기류처럼 보이기도 한다. 굵고 긴 부리는 붉은색이며 끝이 검다. 뒷머리가 검고, 몸 윗면은 옅은 회색, 아랫면은 흰색이다. 겨울이 되면 머리의 검은 부분이 어두운 회색으로 바뀐다. 꼬리는 짧고 끝이 약간 오목하게 들어갔다.

195

o 갯바위에서 비를 피한다.(위)
o 날면서 이동한다.(아래)

제비갈매기Common Tern

부리와 다리가 검은색이고, 꼬리는 깊게 파인 제비 꼬
리형이다. 여름에는 머리꼭대기와 뒷목이 검은색이
며, 겨울에는 이마가 흰색이다. 수면 위를 날다가 물
고기를 낚아챈다. 무리지어 이동하는 모습을 볼 수
있다.

갈매기과

크기 36cm
사는 곳 바닷가, 강,
먼 바다
나타나는 때 봄, 가을
먹이 물고기
개체수 흔함

ㅇ노란 부리가 눈에 띈다.

갈매기과

크기 22~25cm
사는 곳 바닷가,
　　　　강 하구
나타나는 때 봄~가을
먹이 물고기
개체수 흔함

쇠제비갈매기Little Tern

제비갈매기류 중에 가장 작다. 부리는 노랗고, 꼬리는 깊게 파인 제비 꼬리형이다. 등과 날개는 회색이고, 이마는 흰색, 뒷머리와 눈선은 검다. 우리 나라 강 하구의 모래섬에서 무리지어 번식한다. 수컷은 잡은 물고기를 암컷에게 주며 사랑을 구한다.

○ 부표 위에서 쉰다.

알류샨제비갈매기Aleutian Tern

등과 날개 일부는 회색을 띠고, 날개 끝은 검은색이
다. 이마는 희고, 눈썹선은 검은색이다. 날개를 접었
을 때 꼬리가 날개 밖으로 나오지 않는다. 2010년 이
후에 관찰 기록이 증가하는 것으로 보아, 한반도 해
역을 규칙적으로 통과하는 듯하다.

갈매기과

크기 33cm
사는 곳 먼 바다
나타나는 때 불규칙함
먹이 물고기
개체수 아주 희귀함

o 태풍에 떠밀려 와 뭍에서 쉰다.(위)
o 하늘 높이 떠서 날아간다.(아래)

갈매기과

크기 36cm
사는 곳 바다, 바닷가
나타나는 때 불규칙함
먹이 물고기
개체수 아주 희귀함

에위니아제비갈매기 Bridled Tern

부리와 다리가 검은색이고, 가늘고 흰 눈썹선이 눈까지 이어졌다. 몸 윗면이 검은색이고, 아랫면은 흰색이다. 2006년 7월 태풍 에위니아 때 제주도 바닷가에서 관찰되어 붙은 이름이다.

o 여름에는 부리와 다리가 검붉은색이다.

구레나룻제비갈매기Whiskered Tern

날개가 가늘고 길며, 꼬리는 끝이 약간 파였다. 여름에는 부리와 다리가 검붉은색이며, 이마부터 뒷목과 가슴에서 윗배까지 검다. 등과 날개는 어두운 회색이다. 겨울에는 부리와 다리가 검어지고, 몸빛은 회색으로 바뀐다. 물 위를 살랑살랑 날다가 먹이가 보이면 수직으로 돌진한다.

갈매기과

크기 23~25cm
사는 곳 바닷가, 저수지
나타나는 때 봄, 가을
먹이 물고기, 곤충
개체수 희귀함

○ 물이 고인 논 위를 날아다니며 먹이를 찾는다.(위)
○ 날개 아랫면 일부가 검은색이다.(아래)

갈매기과

크기 23~25cm
사는 곳 바닷가, 강, 호수
나타나는 때 봄, 가을
먹이 작은 물고기, 곤충
개체수 희귀함

흰죽지제비갈매기 White-winged Black Tern

부리는 검붉고, 다리는 붉다. 여름에는 머리와 등, 몸 아랫면, 날개 아랫면 일부가 검은색이고, 날개 윗면과 허리는 희다. 겨울에는 머리 일부를 제외한 검은 부분 이 흰색으로 바뀐다. 물 위를 날다가 먹이가 보이면 날개를 접고 돌진해서 잡는다. 암초나 말뚝에 내려앉 아 쉬기도 한다.

○ 검은 부리가 짧고 두껍다.

큰부리바다오리Thick-billed Murre

몸 윗면이 검은색이고, 아랫면은 흰색이다. 검은색 부
리가 짧고 두껍다. 날개에 흰 띠가 뚜렷하다. 뺨과 옆
목이 겨울이면 하얗게 보인다. 동해안에서 적은 수가
겨울을 나는 모습이 관찰된다.

o 뺨과 턱, 목이 흰색으로 바뀐 겨울깃.

바다오리과

크기 42cm
사는 곳 바다
나타나는 때 겨울
먹이 물고기
개체수 적음

바다오리Common Murre

여름에는 몸 윗면이 검은색이고, 아랫면은 흰색이다. 앉았을 때 날개에 흰 띠가 보인다. 겨울에는 이마부터 뒷머리까지 검은색이고, 뺨과 턱, 목은 흰색으로 바뀐다. 수심이 깊은 동해안에서 주로 겨울을 난다.

o 눈 주변에 흰색 반달 무늬가 있다.

흰눈썹바다오리 Spectacled Guillemot

몸빛이 전체적으로 검은색이고, 눈 주변에 있는 흰색
반달 무늬가 특징이다. 부리기부는 흰색이고, 다리는
붉은색이다. 턱과 옆목, 가슴, 배 등이 겨울이면 흰색
으로 바뀐다. 동해안은 수심이 깊어 먹이를 찾기에 적
합하다.

바다오리과

크기 37cm
사는 곳 바다
나타나는 때 겨울
먹이 물고기
개체수 적음

○추위를 피해 포구에서 쉰다.

바다오리과

크기 24~26cm
사는 곳 바다
나타나는 때 겨울
먹이 작은 물고기
개체수 적음

알락쇠오리Long-billed Murrelet

머리꼭대기와 몸 윗면이 흑갈색이고, 몸 아랫면은 흰색이다. 부리는 가늘고 검다. 겨울에는 턱과 목, 가슴, 배가 흰색이며, 어깨깃도 하얘진다. 우리 나라 동해안에서 주로 관찰되며, 바다쇠오리와 함께 겨울을 나기도 한다.

○ 날씨가 추워지면 포구나 항구에서 관찰된다.(위)
○ 무리지어 겨울을 난다.(아래)

바다쇠오리Ancient Murrelet

부리가 짧고 희다. 머리와 얼굴, 뒷목, 등과 날개는 검은색이고, 몸 아랫면은 희다. 여름에는 눈 뒤쪽으로 길고 흰 반점이 생긴다. 물 속에서 날갯짓을 하며 사냥감을 쫓아간다. 서해안 무인도에서 번식하며, 겨울에는 동해안에서 흔히 관찰된다. 추워지면 항구나 포구에 나타나기도 한다.

바다오리과

크기 25~27cm
사는 곳 바다
나타나는 때 1년 내내
먹이 물고기
개체수 흔함

o 물고기를 사냥하고 바다 위에서 쉰다.

바다오리과

크기 24cm
사는 곳 바다
나타나는 때 1년 내내
먹이 물고기
개체수 희귀함

뿔쇠오리 Crested Murrelet

부리는 푸른빛이 도는 회색이고, 흰색 뒷머리에 검은
뿔깃이 있다. 몸 아랫면은 흰색이다. 전라남도 칠발도
와 구굴도 등 사람이 살지 않는 섬에서 주로 번식한
다. 세계적으로 멸종 위기에 처해서 보호가 필요하다.
천연기념물 450호다.

○ 눈 뒤쪽과 뺨에 흰색 줄무늬가 뚜렷하다.

흰수염바다오리Rhinoceros Auklet

부리가 두껍고 주황색을 띤다. 여름에는 윗부리에 돌기가 나고, 눈 뒤쪽과 뺨에 흰색 줄무늬가 있어 다른 바다오리류와 구별하기 쉽다. 몸빛은 전체적으로 검다. 물 위를 떠다니다가 잠수해서 물고기를 사냥한다. 동해안에서 볼 수 있지만, 바닷가로 거의 나오지 않는다.

바다오리과

크기 37cm
사는 곳 바다
나타나는 때 겨울
먹이 물고기
개체수 흔하지 않음

산새

o 나뭇가지에 앉아 주변을 살핀다.

들꿩 Hazel Grouse

숲이 우거진 곳에 살고, 땅 위에 돌아다니며 먹이를 찾는다. 몸빛은 전체적으로 어두운 갈색이나 회색을 띠는 갈색이다. 수컷은 턱이 검은색이고, 몸 전체에 얼룩무늬가 있다. 위험을 느끼면 근처 나뭇가지에 날아가 앉는다.

꿩과
크기 36cm
사는 곳 숲
나타나는 때 1년 내내
먹이 열매, 씨앗
개체수 흔하지 않음

○ 수컷. 위험을 느끼면 풀 속으로 숨는다.(위)
○ 암컷. 추수한 논에 숨으면 찾기 어렵다.(왼쪽)
○ 짝짓기(오른쪽)

꿩과

크기 20cm
사는 곳 풀밭, 농경지
나타나는 때 겨울
먹이 씨앗, 새순, 곤충
개체수 흔함

메추라기 Japanese Quail

메추리 알이나 구이로 잘 알려진 이 새는 닭처럼 사육하는 것으로 오인되지만, 엄연히 야생에서 살아가는 새다. 몸이 작고 둥글며, 꼬리가 짧다. 풀밭이나 풀 속에서 주로 생활하여 눈에 잘 띄지 않는다. 씨앗이나 새순, 작은 곤충 등을 먹는다.

○ 수컷이 위풍당당하게 땅 위를 걷는다.

꿩 Ring-necked Pheasant

수컷은 꼬리가 가늘고 길며, 얼굴이 붉고, 몸빛이 화려하다. 암컷은 몸빛이 갈색을 띠며, 꼬리가 짧다. 주로 땅 위에서 생활하고, 위험을 느끼면 뛰어서 도망친다. 번식기에는 수컷 한 마리가 암컷 여러 마리와 짝짓기 한다.

꿩과

크기 암컷 60cm,
　　　수컷 80cm
사는 곳 농경지, 풀밭,
　　　공원
나타나는 때 1년 내내
먹이 씨앗, 곤충, 열매
개체수 아주 흔함

1 암컷은 꼬리가 짧다.   2 새끼는 몸빛이 마른 풀과 비슷해 구별하기 어렵다.   3 알은 보통 6~10개 낳는다. 검은 점이 박힌 작은 알 2개는 메추라기 알이다.   4 수컷이 울면서 홰를 친다.

○ 돌담 위에서 먹이를 찾는다.(위)
○ 어린 새가 주변을 살핀다.(왼쪽)
○ 먹이를 찾으려고 정지 비행을
한다.(오른쪽)

황조롱이 Common Kestrel

몸 윗면은 붉은빛이 도는 갈색에 검은 반점이 흩어져
있고, 아랫면은 옅은 갈색에 검은 세로줄 무늬가 있
다. 꼬리 끝에 굵고 검은 띠가 있다. 공중에서 날개와
꼬리를 활짝 펴고 머리를 고정한 상태로 정지 비행을
하며 땅 위의 먹이를 찾는다. 천연기념물 323-8호로
지정·보호된다.

매과

크기 암컷 39cm,
　　　수컷 33cm
사는 곳 숲, 풀밭,
　　　농경지
나타나는 때 1년 내내
먹이 들쥐, 곤충, 작은 새
개체수 흔함

214

○바위에서 주변을 살핀다.(위)
○전깃줄에 앉아 주변을 살핀다.(왼쪽)
○전깃줄에서 막 날아오르려 한다.
　(오른쪽)

매과
크기 29cm
사는 곳 농경지, 숲, 풀밭
나타나는 때 봄, 가을
먹이 곤충
개체수 희귀함

비둘기조롱이 Amur Falcon

납막과 다리가 붉다. 수컷은 몸빛이 검고, 아랫배와 아래꼬리덮깃이 붉으며, 날 때 날개 아랫면의 흰색이 뚜렷하다. 암컷은 눈 아래 검은 무늬가 있고, 몸 아랫면이 희고 줄무늬가 있으며, 아래꼬리덮깃도 희다. 주로 정지 비행을 하다가 땅 위에 있는 곤충을 잡아먹고, 날면서 잡기도 한다.

o바위에서 주변을 살핀다.

쇠황조롱이Merlin

수컷은 등과 날개, 꼬리가 푸른빛을 띠는 회색이고,
가슴과 배는 주황색으로 검은 세로줄 무늬가 있다.
암컷과 어린 새는 몸빛이 전체적으로 갈색을 띠며, 가
슴에 굵은 반점이 세로로 있다.

매과

크기 암컷 29cm,
　　　수컷 33cm
사는 곳 농경지, 풀밭
나타나는 때 겨울
먹이 작은 새
개체수 흔하지 않음

ㅇ나무 기둥 위에서 쉰다.(위)
ㅇ어린 새가 전깃줄에 앉아 주변을 살핀다.(아래)

매과

크기 암컷 37cm,
　　　수컷 34cm
사는 곳 평지, 숲,
　　　농경지
나타나는 때 여름
먹이 제비류, 잠자리
개체수 흔하지 않음

새호리기Eurasian Hobby

매와 비슷하게 생겼으나 크기가 작고, 다리를 덮는 깃털과 아랫배, 아래꼬리덮깃이 붉다. 몸 아랫면에 검은 세로줄 무늬가 있으며, 눈 밑에 검은 무늬가 있다. 어린 새는 다리와 배가 붉지 않다. 제비같이 작은 새를 비롯해 딱정벌레, 잠자리 등 날아다니는 먹이를 빠른 속도로 추격하여 사냥한다.

○ 암수가 절벽에 앉아 쉰다.(위)
○ 잡은 오리를 뜯어 먹는다.(왼쪽)
○ 날개를 펴고 활공한다.(오른쪽)

매 Peregrine Falcon

날개가 길고 뾰족하다. 눈 밑에 검은 무늬가 있으며, 눈테는 노랗다. 배에 검은 가로줄 무늬가 뚜렷하다. 먹이를 발견하면 시속 200~300km로 내려가 발가락을 쫙 펴고 사냥감을 쳐서 죽인 뒤 잡는다. 섬이나 바닷가 절벽에서 번식한다. 천연기념물 323-7호다.

매과

크기 암컷 49cm,
　　　수컷 42cm
사는 곳 바닷가, 농경지
나타나는 때 1년 내내
먹이 작은 새
개체수 적음

o 어린 새가 죽은 나뭇가지에 앉아
  쉰다.(위)
o 전봇대에 앉아 배설한다.(왼쪽)
o 물고기를 사냥해서 먹을 장소로
  간다.(오른쪽)

수리과

크기 암컷 62cm,
　　　수컷 56cm
사는 곳 바닷가, 호수
나타나는 때 봄, 가을,
　　　　　　　겨울
먹이 물고기
개체수 희귀함

물수리Osprey

물고기를 사냥하는 맹금류다. 머리꼭대기와 몸 아랫
면이 희고, 윗면은 어두운 갈색이다. 물 위 높은 곳에
서 날아다니거나 정지 비행을 하면서 먹이를 찾는다.
적당한 먹이가 보이면 다리를 쭉 뻗고 날개를 반쯤
접은 모습으로 물을 향해 돌진한다.

o 나뭇가지에서 주변을 살핀다.(위)
o 머리가 작고 목이 길다.(아래)

벌매Crested Honey Buzzard

깃 색깔과 무늬가 다양해서 밝거나 어둡거나 갈색인 개체 등이 있다. 다른 맹금류에 비해 머리가 작고 목이 길다. 벌집을 털어서 벌 애벌레 먹기를 좋아해 붙은 이름이다. 둥지 밑에서 먹다 만 벌집이 발견되기도 한다. 이동하는 봄, 가을에 무리지어 우리 나라를 지나간다.

수리과

크기 암컷 61cm,
　　　수컷 57cm
사는 곳 평지, 산지
나타나는 때 봄, 가을
먹이 벌, 작은 포유류
개체수 흔하지 않음

o 하늘에서 먹이를 찾는 어린 새.(위)
o 먹이를 찾는 솔개의 몸 윗면.(아래)

수리과

크기 암컷 69cm,
　　　수컷 59cm
사는 곳 바닷가, 강, 개울
나타나는 때 1년 내내
먹이 작은 포유류, 뱀,
　　　개구리, 물고기
개체수 흔하지 않음

솔개 Black Kite

몸빛은 어두운 갈색이다. 'M 자형' 꼬리는 끝이 파였으며, 활짝 폈을 때는 직선이다. 날 때 날개 아랫면에 흰 반점이 보인다. 예전에는 작은 포유류나 개구리, 뱀 등을 주로 사냥했으나, 요즘은 강이나 바닷가에서 물고기를 사냥하는 모습이 관찰된다. 부산에서 수십 마리가 무리지어 생활한 적도 있다.

○꼬리가 흰색이다.

흰꼬리수리White-tailed Eagle

몸빛은 갈색이며, 부리가 크고 노랗다. 어미 새는 꼬리가 넓고 둥근데, 절반은 희고 나머지는 몸빛과 같아서 꼬리가 짧아 보인다. 바닷가나 강 하구에서 주로 물고기를 잡아먹는다. 천연기념물 243-4호로 지정되었다.

수리과	
크기	암컷 94cm, 수컷 84cm
사는 곳	바닷가, 강 하구
나타나는 때	1년 내내
먹이	물고기
개체수	희귀함

○논둑에 앉아서 주변을 살핀다.

수리과

크기 암컷 102cm,
　　　수컷 88cm
사는 곳 바닷가,
　　　　강 하구
나타나는 때 겨울
먹이 큰 물고기
개체수 아주 희귀함

참수리Steller's Sea Eagle

크고 노란 부리가 눈에 띄며, 몸이 아주 크다. 검은 몸에 흰 어깨깃과 쐐기형 꼬리가 뚜렷하다. 어린 새는 몸빛이 어두운 갈색이다. 참수리를 보면 그 웅장함에 '아하, 진짜(참) 수리구나' 하는 생각이 절로 든다. 세계적으로 개체수가 감소해서 멸종 위기에 처했다. 천연기념물 243-3호다.

o 나뭇가지에 앉아 쉰다.(위)
o 먹이를 찾아 하늘을 선회하는 모습.
  (왼쪽)
o 땅에 앉아 쉬는데 까치가 귀찮게
  군다.(오른쪽)

독수리Cinereous Vulture

아주 큰 맹금류로, 몸빛이 검다. 날 때 긴 날개 끝이
일곱 개로 갈라지며 위로 휜다. 먹이를 발견하면 큰
무리가 모여서 뜯어 먹는다. 까치나 까마귀에게 쫓기
는 장면이 목격되기도 한다. 겨울에 먹이 주기를 실시
한 지역에는 수백 마리가 모여들기도 한다. 천연기념
물 243-1호다.

수리과

크기 100~110cm
사는 곳 농경지, 개울
나타나는 때 겨울
먹이 동물의 사체
개체수 적음

o 하늘을 날면서 먹이를 찾는다.

수리과

크기 암컷 58cm,
　　　 수컷 48cm
사는 곳 갈대밭, 농경지,
　　　　 습한 풀밭
나타나는 때 겨울
먹이 새, 들쥐
개체수 흔하지 않음

개구리매Eastern Marsh Harrier

날개를 치켜들고 'V 자형'으로 날아간다. 다른 개구리
매류에 비해 몸이 크고, 날개도 비교적 넓다. 암컷이
갈색을 띠는 반면, 수컷은 검은색과 흰색이 선명하게
대조된다. 어린 새는 홍채가 적갈색이며, 연령이 많아
질수록 노란색을 띤다. 천연기념물 323-3호다.

o 수컷이 먹이를 찾아 갈대밭 위를 난다.

잿빛개구리매Northern Harrier

허리에 흰색 띠가 뚜렷하다. 수컷은 몸 윗면이 회색이고, 아랫면은 흰색이다. 암컷은 몸 윗면이 어두운 갈색이고, 흰색 눈썹선이 있다. 날개 끝이 다섯 개로 갈라지며, 날개를 치켜들고 'V 자형'으로 날아다닌다. 천연기념물 323-6호다.

수리과

크기 암컷 51cm,
　　　수컷 45cm
사는 곳 습지, 농경지,
　　　풀밭
나타나는 때 겨울
먹이 들쥐
개체수 흔함

o 'V 자형'으로 날면서 먹이를 찾는다.

수리과

크기 암컷 46cm,
　　　수컷 43cm
사는 곳 농경지, 갈대밭
나타나는 때 봄, 가을
먹이 새, 들쥐
개체수 적음

알락개구리매Pied Harrier

개구리매류 중에서 가장 적은 수가 우리 나라를 찾는다. 수컷은 얼굴과 가슴, 등이 검은색이고 배는 흰색이며, 날개에 흰 띠가 있다. 암컷은 몸빛이 전체적으로 회색을 띠는 어두운 갈색이다. 날개를 치켜들고 'V 자형'으로 날아다니며 먹이를 찾는다. 천연기념물 323-5호다.

○나뭇가지에 앉아 물끄러미 주위를 살핀다.

붉은배새매Chinese Sparrowhawk

우리 나라에서 번식하며, 흔히 관찰되는 맹금류다. 몸
윗면은 푸른빛이 도는 회색, 가슴은 옅은 주황색이며,
배는 희다. 수컷은 눈이 붉지만 검게 보이며, 암컷은
눈이 노랗다. 봄, 가을에 무리지어 이동하는 것이 관
찰되기도 한다. 천연기념물 323-2호다.

수리과
크기 암컷 33cm, 　　　수컷 30cm
사는 곳 평지와 　　　　　산지의 숲
나타나는 때 여름
먹이 개구리, 곤충
개체수 흔함

1 알은 보통 3~4개 낳는다.
2 부화한 지 1~2일 지난 새끼들과 부화 중인 알.
3 부화한 지 7일 정도 지난 새끼를 품은 어미 새.
4 부화한 지 12일 정도 지난 새끼들.
5 부화한 지 17일 정도 지난 새끼들.
6 둥지를 막 떠난 새끼.

ㅇ어린 새가 바위에서 주변을 살핀다.

새매Eurasian Sparrowhawk

참매와 비슷하나 몸이 작고, 눈썹선이 가늘며, 눈과
다리가 노랗다. 암컷이 수컷보다 크고, 몸 아랫면에
붉은 기가 거의 없다. 암컷은 주로 지빠귀나 비둘기
같은 중간 크기 새를 잡아먹고, 수컷은 박새와 방울
새처럼 작은 산새를 먹는다. 천연기념물 323-4호다.

수리과

크기 암컷 39cm,
　　　수컷 32cm
사는 곳 숲, 개울,
　　　농경지
나타나는 때 1년 내내
먹이 중소형 새
개체수 적음

1 전깃줄에서 쉬는 수컷.
2 사냥하기 전 나뭇가지에 앉아 주변을 살피는 암컷.
3 배에 가로줄 무늬가 뚜렷하다.

ㅇ노란 눈테가 뚜렷하다.

조롱이 Japanese Sparrowhawk

노란 눈테가 특징이며, 노란 납막이 있고, 다리도 노랗다. 수컷은 배에 주황색 가로줄 무늬가 있고, 암컷은 가슴과 윗배에 어두운 갈색 가로줄 무늬가 있다. 어린 새는 가슴에 세로줄 무늬가 있다. 나무 사이를 날며 주로 참새, 박새 등 작은 새를 사냥한다.

수리과

크기 암컷 30cm,
　　　수컷 27cm
사는 곳 평지와
　　　산지의 숲
나타나는 때 1년 내내
먹이 작은 새
개체수 적음

o 흰색 눈썹선이 뚜렷하다.(위)
o 날카로운 발톱과 부리 때문에 꿩 사냥 매로 유명했다.(아래)

수리과

크기 암컷 56cm,
　　　수컷 50cm
사는 곳 산지, 농경지
나타나는 때 겨울
먹이 새, 작은 포유류
개체수 흔하지 않음

참매Northern Goshawk

다른 새매류에 비해 몸이 크고, 흰 눈썹선이 특징이다. 몸 윗면은 푸른빛이 도는 회색으로 어둡고, 아랫면은 흰 바탕에 갈색 줄무늬가 있다. 어린 새는 몸빛이 갈색을 띠며, 몸 아랫면에 세로줄 무늬가 있다. 민첩하게 움직이며 공중이나 땅 위에 있는 먹이를 사냥한다. 천연기념물 323-1호다.

ㅇ나뭇가지에 앉아서 주변을 살핀다.

왕새매Grey-faced Buzzard

몸 윗면은 밤색을 띠고, 흰색 턱에 밤색 세로줄 무늬
가 뚜렷하다. 배는 흰색이고, 밤색 가로줄 무늬가 있
다. 눈은 노란색이고, 부리는 검은색이다. 봄과 가을
에 주로 관찰된다. 드물게 우리 나라에서 번식하기도
한다.

수리과

크기 암컷 51cm,
　　　 수컷 47cm
사는 곳 숲, 농경지
나타나는 때 봄~가을
먹이 뱀, 쥐, 작은 산새
개체수 흔하지 않음

○ 나무 말뚝에 앉아 주변을
  살핀다.(위)
○ 몸 아랫면에 어두운 갈색 무늬가
  눈에 띈다.(왼쪽)
○ 날개 아래 어두운 갈색 무늬가
  뚜렷이 보인다.(오른쪽)

수리과

크기 암컷 56cm,
   수컷 52cm
사는 곳 농경지, 습지,
   풀밭
나타나는 때 겨울
먹이 작은 포유류와 새
개체수 흔함

말똥가리Common Buzzard

몸 윗면은 어두운 갈색이고, 아랫면은 밝은 갈색 바
탕에 어두운 갈색 무늬가 뚜렷하다. 날개를 펴면 끝
이 다섯 손가락을 편 모양으로, 다른 맹금류와 구별
된다. 날개를 약간 들고 완만한 'V 자형'으로 날아다
닌다. 높은 곳에서 먹이를 찾은 뒤 미끄러지듯 날아가
서 덮친다.

o 어린 새가 소나무에 앉아서 주변을 살핀다.

큰말똥가리Upland Buzzard

말똥가리류 중에 가장 크다. 날개 윗면 끝 부분과 꼬리는 희고, 가는 갈색 줄무늬가 있다. 부척을 반 정도 덮는 깃털은 어두운 갈색이다. 날개 아랫면은 대체로 밝은 색을 띠며, 가운데 말똥 모양 반점이 크고 뚜렷하다. 멸종 위기 야생 생물 2급이다.

수리과

크기 암컷 72cm,
　　　수컷 61cm
사는 곳 농경지, 숲,
　　　　　풀밭
나타나는 때 겨울
먹이 들쥐, 토끼
개체수 희귀함

○ 다른 말똥가리에 비해 몸이 하얗게 보인다.(위)
○ 풀밭에 앉았다.(아래)

수리과

크기 암컷 59cm,
　　　수컷 56cm
사는 곳 농경지
나타나는 때 겨울
먹이 들쥐
개체수 적음

털발말똥가리Rough-legged Buzzard

다른 말똥가리보다 하얗게 보이며, 꼬리 끝에 검고
굵은 띠가 있어 구별하기 쉽다. 하늘을 날면서 먹이를
찾다가 사냥감이 보이면 잽싸게 내려가 덮친다.

237

o 어린 새가 소나무에 앉았다.(위)
o 논에서 먹이를 먹고 날아오르는 모습.(왼쪽)
o 날개를 쫙 펴고 난다.(오른쪽)

항라머리검독수리Greater Spotted Eagle

허리에 굵고 흰 띠가 있으며, 몸빛은 어두운 갈색이다. 어린 새는 몸 윗면에 흰 반점이 흩어져 있다. 작은 포유류와 양서·파충류를 먹으며, 가끔 동물의 사체나 곤충을 먹기도 한다. 날면서 먹이를 잡거나, 땅 위를 걸어다니며 사냥한다.

수리과

크기 암컷 70cm,
　　　수컷 68cm
사는 곳 개울, 농경지
나타나는 때 겨울
먹이 작은 포유류,
　　　개구리, 뱀
개체수 아주 희귀함

238

o 잡은 먹이를 뜯어 먹는다.(위)
o 잡은 까치를 날면서 뜯는다.(아래)

수리과

크기 암컷 83cm,
　　　 수컷 77cm
사는 곳 평지, 풀밭
나타나는 때 겨울
먹이 포유류, 새,
　　　 개구리, 뱀
개체수 희귀함

흰죽지수리Eastern Imperial Eagle

어두운 갈색 몸에 황색 머리와 어깨깃의 흰 점이 뚜렷하다. 어린 새는 황갈색이 강하다. 알에서 깨어나 5년이 지나면 어미 새가 된다. 날 때 날개 끝이 일곱 개로 갈라진다. 주로 땅 위에서 포유류, 새 등을 잡아먹으며, 동물의 사체를 먹기도 한다.

o 나무에 앉아 쉰다.(위)
o 어린 새는 날 때 날개 아랫면에 흰 띠가 보인다.(아래)

검독수리Golden Eagle

몸이 전체적으로 어두운 갈색을 띠고, 뒷목은 금빛
나는 갈색이다. 어린 새는 뒷목에 갈색이 없고, 날개
아랫면과 꼬리 일부가 흰색이다. 날개 끝은 6~7개
로 갈라진다. 날카로운 발톱으로 땅 위의 먹이를 덮
친다. 천연기념물 243-2호다.

수리과

크기 암컷 89cm,
　　　수컷 82cm
사는 곳 산악 지역,
　　　농경지
나타나는 때 겨울
먹이 토끼, 꿩
개체수 희귀함

o 나뭇가지에 앉아 쉰다.(위)
o 알은 1개 낳는다.(왼쪽)
o 나뭇가지로 지은 둥지에서 새끼가
  어미를 기다린다.(오른쪽)

비둘기과

크기 40cm
사는 곳 상록 활엽수림
나타나는 때 1년 내내
먹이 열매
개체수 적음

흑비둘기 Black Woodpigeon

비둘기류 중에 가장 크다. 광택 나는 검은 몸에 붉은 다리가 눈에 띈다. 잎이 넓고 1년 내내 푸른 나무가 자라는 숲에서 살며, 후박나무 열매를 즐겨 먹는다. 알은 한 개 낳으며, 울릉도와 소흑산도, 제주의 사수도 등에서 번식한다. 천연기념물 215호다.

○나뭇가지에 앉아 주변을 살핀다.

멧비둘기Oriental Turtle Dove

도심과 농촌 어디에서나 흔히 볼 수 있다. 눈이 붉고,
옆목에 검은색과 회색 줄무늬가 뚜렷하다. 번식기가
되면 나무에서 '구구~ 구구' 하며 두 음절로 끊어지는
소리로 운다. 비둘기류는 모이 주머니에서 나오는 분
비물(피존 밀크)을 새끼에게 먹인다.

비둘기과

크기 32~35cm
사는 곳 숲, 농경지
나타나는 때 1년 내내
먹이 씨앗, 새순
개체수 흔함

1 둥지를 짓기 위해 나뭇가지를 물고 간다.   2 알은 보통 2개 낳는다.   3 새끼들이 다정하게 어미를 기다린다.   4 둥지를 떠나는 새끼.

o 나뭇가지에 앉아 쉰다.

염주비둘기Eurasian Collared Dove

몸빛이 회색을 띠는 갈색이며, 뒷목에 가늘고 검은 가로줄이 뚜렷하다. 눈과 다리는 붉고, 부리는 광택이 없는 검은색이다. 예전에 전국적으로 분포·번식했다는 기록이 있으나, 요즘은 개체수가 크게 줄어 서해안 섬이나 홍도 등에서 적은 수가 관찰된다.

비둘기과

크기 31~33cm
사는 곳 농경지,
　　　　　인가 부근
나타나는 때 1년 내내
먹이 씨앗, 새순, 열매
개체수 희귀함

o눈 위에서 씨앗을 찾는다.

비둘기과

크기 23cm
사는 곳 농경지
나타나는 때 불규칙함
먹이 씨앗
개체수 아주 희귀함

홍비둘기 Red Turtle Dove

비둘기류 중에 가장 작다. 뒷목에 검은 가로줄이 뚜렷하다. 수컷은 머리와 얼굴이 푸른빛 도는 회색이고, 몸은 분홍빛 도는 갈색이다. 암컷은 몸빛이 어둡다. 열대와 아열대 지역 등 따뜻한 곳에 살며, 우리 나라에서는 몇 번 관찰된 적이 없는 길 잃은 새다.

o 암컷이 나뭇가지에 앉아 주변을 살핀다.

녹색비둘기 White-bellied Green Pigeon

몸 윗면이 짙은 녹색이고, 목과 가슴은 옅은 녹색이며, 부리는 푸른빛이 도는 회색이다. 수컷은 날개에 크고 붉은 반점이 있고, 암컷은 없다. 열대와 아열대 등 따뜻한 지역에 살며, 독도와 제주도 등지에서 몇 번 관찰된 기록이 있는 길 잃은 새다.

비둘기과

크기 33cm
사는 곳 숲
나타나는 때 불규칙함
먹이 씨앗, 열매
개체수 아주 희귀함

o소나무 숲에서 송충이를 잡아먹는다.

두견이과

크기 46cm
사는 곳 숲
나타나는 때 불규칙함
먹이 곤충
개체수 아주 희귀함

밤색날개뻐꾸기 Chestnut-winged Cuckoo

머리와 등은 검은색이고, 날개는 밤색이다. 턱과 목, 가슴은 주황색이다. 배는 흰색이고, 검은 꼬리가 길다. 1994년 제주도에서 어린 새가 까치 한 쌍과 생활하는 것이 처음 관찰되었고, 주로 봄에 관찰된다.

○ 날개를 쫙 펴고 날아간다.

매사촌 Rufous Hawk Cuckoo

몸 윗면이 짙은 회색이고, 가슴과 배는 주황색을 띤다. 뒷목에 흰색 반점이 특징이다. 노란 부리 가운데 검은 띠가 있다. 모습을 잘 보여 주지 않지만, 소리로 쉽게 구별된다.

두견이과

크기 32cm
사는 곳 숲
나타나는 때 봄~가을
먹이 곤충
개체수 흔하지 않음

o 배에 가늘고 검은 가로줄 무늬가 있다.(위)
o 소나무 가지에서 주변을 살핀다.(아래)

두견이과

크기 33~36cm
사는 곳 숲
나타나는 때 여름
먹이 곤충
개체수 흔함

뻐꾸기Common Cuckoo

몸 윗면이 회색이고, 배는 흰색 바탕에 가늘고 검은 가로줄 무늬가 있다. 노란 눈과 눈테가 인상적이다. 어린 새는 몸에 흰 반점이 흩어져 있다. 여름에 산과 들에서 '뻐꾹뻐꾹' 운다.

ㅇ나무 꼭대기에서 주변을 살핀다.

두견이Little Cuckoo

뻐꾸기류 중에 가장 작다. 뻐꾸기와 비슷하게 생겼으나, 배에 있는 검은 줄무늬가 굵다. 뻐꾸기류는 남의 둥지에 알을 낳고 다른 어미 새가 자기 새끼를 키우게 하는 '탁란' 습성이 있다. 얌체 같아 보이지만, 이것 역시 자연에서 살아가는 방법이다. 해충을 잡아먹어 농사에 이로운 새로, 천연기념물 447호다.

두견이과

크기 27~28cm
사는 곳 숲
나타나는 때 여름
먹이 곤충
개체수 흔하지 않음

1 휘파람새가 두견이 새끼를 대신 키운다.　2 휘파람새 둥지에서 무럭무럭 자라는 두견이 새끼.　3 독립한 어린 새.

○나무에 앉아 쉬는 어린 새.

벙어리뻐꾸기 Oriental Cuckoo

몸 윗면이 회색을 띤다. 배는 흰색 바탕에 검은색 가로줄이 있는데, 뻐꾸기보다 약간 굵다. 주로 소리로 구별하며, '보-보-' 하고 운다. 숲에서 송충이와 곤충을 잡아먹는다.

두견이과

크기 33cm
사는 곳 숲
나타나는 때 여름
먹이 송충이. 곤충
개체수 흔하지 않음

○붉은 눈이 인상적이다.

올빼미과

크기 24~25cm
사는 곳 숲
나타나는 때 1년 내내
(주로 겨울)
먹이 들쥐, 작은 새,
곤충
개체수 흔하지 않음

큰소쩍새Collared Scops Owl

소쩍새와 비슷하게 생겼으나 크고, 귀깃이 더 길며, 눈은 붉다. 인가 근처 숲에서 나뭇구멍에 둥지를 튼다. 주로 들쥐나 작은 새를 먹으며, 불빛에 날아드는 곤충을 잡아먹기도 한다. 자동차 불빛에 모여드는 곤충을 잡다가 사고를 당하는 경우도 종종 있다. 천연기념물 324-7호다.

o 창고 안에서 주변을 살핀다.(위)
o 귀깃을 세우고 경계한다.(아래)

소쩍새Oriental Scops Owl

올빼미류 중에 가장 작다. 몸 전체에 가는 가로줄이
섞인 검은색 세로줄이 있다. 귀깃이 길고, 눈은 노랗
다. 나뭇구멍에 둥지를 튼다. 옛날에는 소쩍새 울음
소리로 풍년과 흉년을 점치기도 했다. '솥쩍다 솥쩍
다' 하면 풍년이 들고, '소쩍소쩍' 울면 흉년이 든다고
보았다. 천연기념물 324-6호다.

올빼미과

크기 18~21cm
사는 곳 숲
나타나는 때 1년 내내
먹이 곤충
개체수 흔하지 않음

○땅 위에 있는 먹이를 덮친 직후의 모습.(위)
○낮에 나뭇가지에 앉아 쉰다.(아래)

올빼미과

크기 64~67cm
사는 곳 숲, 암벽
나타나는 때 1년 내내
먹이 포유류, 새
개체수 적음

수리부엉이Eurasian Eagle Owl

귀깃이 길며, 갈색 몸에 주황색 눈이 인상적이다. 배에 가는 가로줄이 섞인 굵은 세로줄 무늬가 있다. 낮에는 주로 나무에 앉아 쉬고 밤에 활동한다. 토끼와 꿩, 오리 등을 사냥하며, 높은 곳에 앉거나 날면서 먹이를 찾는다. 겨울에 번식하며, 천연기념물 324-2호로 지정·보호된다.

○낮에 나뭇가지에 앉아 쉰다.

올빼미 Tawny Owl

중간 크기 올빼미류로, 머리가 둥글고 귀깃이 없다.
가슴과 배에 가로줄이 섞인 세로줄 무늬가 있다. 홍
채는 검은색이다. 고목이 있는 평지나 숲에서 생활하
며, 밤에 사냥하는 맹금류다. 천연기념물 324−1호로
지정·보호된다.

올빼미과

크기 38cm
사는 곳 숲, 평지
나타나는 때 1년 내내
먹이 들쥐, 새
개체수 적음

o 눈이 낮에 더 초롱초롱하다.

올빼미과

크기 23cm
사는 곳 인가 주변,
농경지
나타나는 때 겨울
먹이 작은 들쥐, 곤충
개체수 희귀함

금눈쇠올빼미 Little Owl

올빼미류 가운데 작은 종에 속한다. 눈이 노랗고, 굵고 흰 눈썹선이 있다. 머리는 둥글며, 귓깃이 없다. 몸 윗면은 흑갈색이고, 배에 흑갈색 세로줄 무늬가 있다. 주로 낮에 먹이를 찾아 땅 위를 뛰어다니지만, 밤에도 활동한다.

o 앉아서 주변을 살핀다.(위)
o 솜털이 난 새끼들.(아래)

솔부엉이Brown Hawk Owl

올빼미과

크기 28~29cm
사는 곳 평지, 숲
나타나는 때 여름
먹이 곤충, 들쥐
개체수 흔함

귀깃이 없고, 진한 갈색 몸에 눈이 노랗다. 흰 배에 굵은 갈색 세로줄 무늬가 있다. 도심 공원에서도 번식한다. 낮에 나뭇가지에 앉아서 자는 모습을 관찰할 수 있다. 주로 곤충을 잡아먹으며, 가로등 불빛에 모여드는 곤충을 잡기 위해 날아다니는 것도 눈에 띈다. 천연기념물 324-3호다.

○이동하다 지쳐 바위에서 쉰다.(위)
○날개를 쫙 펴고 날아간다.(아래)

올빼미과

크기 38cm
사는 곳 숲, 농경지
나타나는 때 겨울
먹이 들쥐
개체수 적음

칡부엉이Long-eared Owl

귓깃이 길고, 눈은 주황색이다. 배에 세로줄 무늬와
가로줄 무늬가 복잡하게 교차한다. 보호색을 띠어 고
목에 앉으면 구별하기 어렵다. 겨울에 주로 관찰되지
만, 봄에 이동하는 개체들이 보이기도 한다. 천연기념
물 324-5호로 지정·보호된다.

○먹이를 다 먹은 뒤 주변에 새 깃털이 흩어졌다.(위)
○낮에 바위 밑에서 쉰다.(아래)

쇠부엉이Short-eared Owl

올빼미과	
크기	37~39cm
사는 곳	농경지, 풀밭
나타나는 때	겨울
먹이	들쥐, 작은 새
개체수	흔하지 않음

귀깃이 있으나 짧아서 거의 보이지 않는다. 몸빛은 갈색을 띠고, 몸 아랫면에 세로줄 무늬가 있으며, 눈은 노랗다. 주로 밤에 먹이 사냥을 하지만, 낮에 활동하는 모습도 종종 관찰할 수 있다. 숲보다 탁 트인 곳을 좋아하며, 들쥐와 같은 설치류를 즐겨 먹는다. 천연기념물 324-4호다.

○ 먼 바다를 건너느라 지쳐서
잠시 쉰다.(위)
○ 둥지 없는 맨땅에 알을 2개 낳았다.
(왼쪽)
○ 어미를 기다리는 새끼들.(오른쪽)

쏙독새과

크기 29cm
사는 곳 숲
나타나는 때 여름
먹이 나방
개체수 흔함

쏙독새Grey Nightjar

전체적으로 어두운 갈색이고 몸의 무늬가 낙엽처럼
보여서, 낮에 나무나 땅바닥에 가만히 있으면 구별하
기 어렵다. 날 때 날개 아랫면에 흰 반점이 뚜렷하게
보인다. 숲의 낙엽이나 풀밭 위에 알을 낳는다. '쏙독
쏙독' 하는 울음소리를 낸다고 붙은 이름이다.

○ 먹이를 찾아 날아다닌다.(위)
○ 꼬리깃의 깃축이 바늘처럼 뾰족하다.(아래)

바늘꼬리칼새 White-throated Needletail

긴 낫 모양 날개를 펴고 빠르게 날아간다. 몸빛이 전체적으로 검고, 턱과 꼬리 아랫면, 등은 흰색이다. 꼬리깃에 깃축이 바늘 모양으로 튀어나와 이런 이름이 붙었다. 높고 빠르게 날아다니며 곤충을 잡아먹는다.

칼새과

크기 21cm
사는 곳 높은 산, 농경지
나타나는 때 봄, 가을
먹이 곤충
개체수 흔하지 않음

o주로 날아다니며, 허리에 흰색이 뚜렷하다.(왼쪽)
o흰 턱이 보인다.(오른쪽)

칼새과

크기 19~20cm
사는 곳 높은 산, 바닷가 절벽
나타나는 때 여름
먹이 날아다니는 곤충
개체수 흔함

칼새 Fork-tailed Swift

날개가 가늘고 긴 낫 모양이다. 몸빛이 검고, 허리와 턱은 희다. 꼬리는 깊이 파인 제비 꼬리형이다. 번식기 동안 둥지에 내려앉는 때를 빼면 땅이나 나무에 거의 앉지 않는다. 날아다니면서 파리나 딱정벌레 등을 잡아먹는다. 절벽 틈에서 무리지어 둥지를 튼다.

o 흰색 허리가 눈에 띈다.

쇠칼새House Swift

몸빛이 전체적으로 검은색이고, 턱과 허리는 흰색이다. 꼬리 끝이 약간 오목하게 들어갔으며, 꼬리가 부채 모양으로 펴진다. 봄과 가을 이동하는 시기에 서해안과 남해안, 섬 지역에서 관찰된다.

칼새과

크기 13cm
사는 곳 바닷가
나타나는 때 봄, 가을
먹이 곤충
개체수 희귀함

ㅇ 나뭇가지에 앉아 곤충을 찾는다.(위)
ㅇ 어린 새가 전깃줄에 앉아 주변을 살핀다.(아래)

파랑새과

크기 29~30cm
사는 곳 숲, 농경지
나타나는 때 여름
먹이 곤충
개체수 흔함

파랑새Oriental Dollarbird

몸은 푸른빛을 띠는 녹색이며, 부리와 다리가 붉다. 날 때 날개에 있는 흰 반점이 뚜렷하게 보인다. 나뭇구멍에 둥지를 틀며, 딱다구리나 까치의 둥지를 빼앗기도 한다. 나무 꼭대기나 전깃줄에 앉았다가 날아다니는 곤충이 보이면 낚아챈다. 시끄럽게 운다.

○ 전깃줄에 앉아 먹이를 찾는다.

호반새Ruddy Kingfisher

산간 계곡, 혼합림, 활엽수림 등 우거진 숲 속의 나뭇 구멍에서 번식하는 여름새다. 몸빛이 적갈색을 띠고, 부리와 다리가 붉어서 다른 새와 구별된다. 계곡물에 서 작은 물고기나 가재 등을 잡아 나뭇가지에 쳐서 죽인 뒤 먹는다. 숲 속에서 지저귀는 소리는 많이 들 려도 모습을 보기는 쉽지 않다.

물총새과

크기 27cm
사는 곳 계곡 주변의 숲
나타나는 때 여름
먹이 개구리, 갑각류
개체수 흔하지 않음

ㅇ주황색 배와 파란색 날개가 대조된다.

물총새과

크기 28~30cm
사는 곳 물가의 산림,
농경지
나타나는 때 여름
먹이 물고기, 개구리
개체수 흔함

청호반새 Black-Capped Kingfisher

부리가 굵고 길며 붉다. 날개와 등은 푸르고, 머리는
검은색, 배는 주황색이다. 개울가나 산 중턱 흙벽에
구멍을 파고 둥지를 만든다. 물가에 있는 나뭇가지나
벼랑에 앉았다가 먹이가 보이면 내려가 잡는다. 주로
물고기나 개구리 등을 잡아먹으며, 메뚜기나 딱정벌
레 등도 먹는다.

267

○나뭇가지에 앉아 물 속의 먹이를
  찾는다.(위)
○먹이를 잡은 뒤 제자리로 돌아온다.
  (왼쪽)
○독립한 어린 새가 바위에서
  주변을 살핀다.(오른쪽)

물총새 Common Kingfisher

몸 윗면은 녹색을 띠는 푸른색, 아랫면은 주황색이
다. 부리는 길고 뾰족하며 검다. 암컷은 아랫부리가
주황색을 띤다. 물가에 있는 나뭇가지나 갈대에 앉았
다가 먹이가 보이면 물 속으로 다이빙해 잡은 뒤 제
자리로 돌아온다. 파닥거리는 먹이는 나뭇가지나 바
위에 쳐서 기절시키거나 죽인 뒤 삼킨다.

물총새과

크기 17cm
사는 곳 물가, 개울
나타나는 때 1년 내내
먹이 물고기, 갑각류
개체수 흔함

○ 땅 위에서 먹이를 찾는다.(위)
○ 길게 뻗은 머리깃이 특징이다.(아래)

후투티과

크기 26~28cm
사는 곳 농경지, 풀밭
나타나는 때 여름
먹이 곤충, 지렁이
개체수 흔함

후투티Common Hoopoe

길게 뻗은 머리깃을 펼치면 왕관 모양이 된다. 부리는 길고 아래로 휘었다. 머리와 얼굴, 목, 가슴은 누런 갈색이며, 날개에 희고 검은 줄무늬가 있어 다른 종과 구별된다. 동물의 배설물이나 퇴비가 쌓인 곳에 부리를 넣어 지렁이, 곤충 등을 찾아 먹는다.

o 해질녘 바위에서 쉰다.(위)
o 땅 위에서 먹이를 찾기도 한다.(아래)

개미잡이Eurasian Wryneck

몸빛은 갈색이고, 머리꼭대기부터 등까지 검은 세로 줄 무늬가 이어진다. 목과 몸 아랫면에는 가늘고 검은 가로줄이 있다. 나뭇가지에 수평으로 앉으며, 땅에 내려와 먹이를 찾기도 한다. 주로 개미나 개미 애벌레, 거미 등을 먹는다. 봄, 가을에도 가끔 관찰된다.

딱다구리과

크기 17~18cm
사는 곳 숲
나타나는 때 겨울
먹이 곤충, 애벌레, 거미
개체수 희귀함

270

○나무줄기에서 주위를 살핀다.

딱다구리과

크기 15cm
사는 곳 숲
나타나는 때 1년 내내
먹이 곤충
개체수 흔함

쇠딱다구리Japanese Pigmy Woodpecker

딱다구리류 중에 가장 작다. 몸 윗면은 어두운 갈색이고, 흰 반점과 줄무늬가 흩어져 있다. 몸 아랫면은 희고, 갈색 세로줄 무늬가 있다. 나무에 구멍을 파서 둥지를 만든다. 가을과 겨울에는 쇠박새, 박새 등 박새류에 섞여 숲 속을 돌아다닌다.

ㅇ수컷은 머리꼭대기에 붉은 부분이 넓다.(왼쪽)
ㅇ암컷은 머리꼭대기에 붉은색이 없다.(오른쪽)

큰오색딱다구리 White-backed Woodpecker

오색딱다구리와 비슷하게 생겼으나 더 크고, 배에 검은 세로줄 무늬가 있다. 등과 날개에 흰 반점이 줄지어 있다. 수컷은 머리꼭대기에 붉은 부분이 넓다. 딱다구리류는 나무줄기를 부리로 쳐서 속에 있는 애벌레가 움직이는지 확인한 뒤 구멍을 뚫고 잡아먹는다.

딱다구리과
크기 28cm
사는 곳 숲
나타나는 때 1년 내내
먹이 곤충, 애벌레, 열매
개체수 흔하지 않음

o죽은 나무에서 먹이를 찾는다.

딱다구리과

크기 23~24cm
사는 곳 숲
나타나는 때 1년 내내
먹이 곤충, 애벌레,
　　　　열매
개체수 흔함

오색딱다구리Great Spotted Woodpecker

몸 윗면이 검고, 어깨깃에 흰색 'V 자형' 무늬가 뚜렷하다. 목과 가슴, 윗배는 희고, 아랫배와 아래꼬리덮깃은 붉다. 수컷은 뒷머리에 붉은 반점이 있다. 딱다구리류는 꼬리가 단단해 수직인 나무에 몸을 지탱하고 서거나 기어오르기 편하다.

o 새끼들에게 먹이를 먹인다.

까막딱다구리 Black Woodpecker

몸빛이 검다. 암컷은 뒷머리가, 수컷은 이마부터 뒷머리까지 붉다. 딱다구리류 가운데 큰 종에 속한다. 수령이 많은 나무를 둥지로 택하며, 둥지 입구 앞쪽이 탁 트인 곳을 좋아한다. 둥지는 원앙이나 소쩍새 등이 재활용하기도 한다. 천연기념물 242호다.

딱다구리과

크기 45~50cm
사는 곳 숲
나타나는 때 1년 내내
먹이 곤충, 애벌레
개체수 적음

○땅에서 먹이를 찾다가 경계하는
  모습.(위)
○어린 새가 나무줄기에서 먹이를
  찾는다.(왼쪽)
○늦가을에 감을 먹는다.(오른쪽)

딱다구리과

크기 29~30cm
사는 곳 숲
나타나는 때 1년 내내
먹이 곤충, 열매
개체수 흔함

청딱다구리 Grey-headed Woodpecker

등과 날개, 꼬리는 연한 녹색이고, 머리와 몸 아랫면
은 회색이다. 이마에 붉은 무늬와 뺨에 검은 줄무늬
가 뚜렷하다. 딱다구리류의 발가락은 앞뒤로 두 개씩
모여 있어 수직인 나무줄기를 기어오르거나 지탱하는
데 편하다.

o 새끼들에게 먹이를 먹인 뒤 주위를 살핀다.

팔색조 Fairy Pitta

여덟 가지가 넘는 몸빛 덕분에 아름다운 새로 꼽힌
다. 날개와 등은 녹색, 허리는 하늘색, 배는 붉은색이
다. 주로 땅에서 낙엽 속의 지렁이나 애벌레를 찾는
다. 큰 바위나 나무에 나뭇가지와 이끼로 둥지를 튼
다. 울창하고 습한 환경을 좋아해 제주도, 남해안의
섬 등에서 번식한다. 천연기념물 204호다.

팔색조과

크기 18cm
사는 곳 어둡고 습한
　　　　원시림
나타나는 때 여름
먹이 지렁이, 애벌레
개체수 희귀함

1 알은 보통 4~6개 낳는다.　2 둥지에서 어미를 기다리는 새끼들.　3 둥지를 막 떠난 새끼는 어미를 따라 나선다.

○풀밭에서 먹이를 찾는다.

푸른날개팔색조Blue-winged Pitta

날개를 접었을 때 푸른색 부분이 넓다. 가슴과 배는
주황빛을 띠는 갈색이다. 부리가 두툼하고, 검은색
눈선이 팔색조보다 넓다. 2009년 제주 마라도에서 처
음 관찰되었다. 땅 위를 돌아다니며 먹이를 찾는다.

팔색조과

크기 20cm
사는 곳 숲
나타나는 때 불규칙함
먹이 지렁이. 곤충
개체수 아주 희귀함

○바위에 앉아 주변을 살핀다.

할미새사촌과

크기 24cm
사는 곳 숲
나타나는 때 불규칙함
먹이 곤충. 열매
개체수 아주 희귀함

검은할미새사촌Black-winged Cuckooshrike

몸 윗면이 어두운 회색이고, 날개와 꼬리는 검은색이
다. 날개 아랫면과 꼬리 아랫면에 흰색 반점이 있다.
1998년 8월 전라남도 진도군에서 처음 관찰된 이후,
2012년 제주 마라도에서 관찰되기도 했다.

o 주로 나무에서 생활한다.(위)
o 나뭇가지에 앉아 주변을 살핀다.(아래)

할미새사촌Ashy Minivet

날개가 좁고 길며, 꼬리도 길다. 몸 윗면은 회색이고, 아랫면은 희다. 수컷은 눈선과 뒷머리가 검다. 키 큰 나무의 가지 사이에 둥지를 틀고, 완만한 파도 모양으로 날아다닌다. 주로 나무에서 생활하며, 곤충을 잡아먹는다.

할미새사촌과

크기 20cm
사는 곳 숲
나타나는 때 봄~가을
먹이 곤충
개체수 흔하지 않음

280

○ 소나무 꼭대기에 앉아 중심을 잡고 있다.

때까치과

크기 17~18cm
사는 곳 숲, 평지
나타나는 때 여름
먹이 곤충
개체수 흔하지 않음

칡때까치 Tiger Shrike

머리는 회색이고, 등과 날개, 꼬리는 갈색이며, 검은 비늘 무늬가 있다. 배는 흰색으로, 암컷은 옆구리에 갈색 물결 무늬가 있다. 눈선이 검고 굵으며, 눈썹선은 없다. 날카로운 부리 끝이 아래로 휘었다.

○ 수컷이 나뭇가지에 앉아 쉰다.

때까치Bull-headed Shrike

머리와 옆구리는 갈색이며, 눈선은 검고, 흰 눈썹선이 희미하다. 수컷은 등이 회색이며, 날개에 흰 반점이 뚜렷하다. 암컷은 몸빛이 갈색을 띤다. 부리는 강하지만 다리가 약해 도마뱀이나 메뚜기 등을 잡으면 찔레 가시나 뾰족한 나뭇가지에 꽂아 죽인 뒤 바로 먹거나 저장했다가 먹는다.

때까치과

크기 19~20cm
사는 곳 농경지, 숲
나타나는 때 1년 내내
먹이 곤충, 도마뱀
개체수 흔함

282

1 암컷 배에 비늘 무늬가 있다.   2 알은 보통 4~6개 낳는다.   3 어미가 새끼에게 먹이를 먹인다.

o 메뚜기를 잡아 뾰족한 나뭇가지에 꽂아 두기도 한다.(위)
o 마른 근대 줄기에 앉아서 먹이를 찾는다.(아래)

노랑때까치Brown Shrike

몸 전체가 갈색을 띠며, 검은 눈선이 뚜렷하다. 몸빛이 붉거나 흰 눈썹선이 넓은 개체들이 있는데, 같은 종이면서도 생김새나 색이 다르기 때문에 아종으로 분류한다. 예전에는 우리 나라 산야에서 흔히 번식하고 관찰되었지만, 요즘은 보기 어려워졌다.

때까치과

크기 18~20cm
사는 곳 농경지, 숲
나타나는 때 여름
먹이 곤충
개체수 흔하지 않음

○ 허리, 어깨깃, 아랫배가 갈색이다.(위)
○ 눈선이 검고 굵다.(아래)

때까치과

크기 24~25cm
사는 곳 농경지, 덤불
나타나는 때 불규칙함
먹이 곤충
개체수 희귀함

긴꼬리때까치 Long-tailed Shrike

허리와 어깨깃, 아랫배가 갈색이다. 이마에서 시작된 눈선이 검고 굵다. 가늘고 긴 꼬리는 검은색이다. 열대와 아열대 등 따뜻한 지역에 살며, 우리 나라에서는 몇 번 관찰된 기록이 있다가 최근 번식한 것이 확인되었다.

○ 덤불 가장자리에 앉아 쉰다.(위)
○ 주변을 살피며 먹잇감을 찾는다.(아래)

재때까치Great Grey Shrike

몸 윗면이 회색이고, 아랫면은 흰색이다. 날개는 검은
색이며, 날 때 흰색 무늬가 눈에 띈다. 꼬리는 검은색
이다. 어린 새는 몸빛이 전체적으로 갈색을 띤다. 나
뭇가지나 전깃줄에 앉았다가 먹이가 보이면 날아가
잡는다.

때까치과

크기 24cm
사는 곳 풀밭, 농경지
나타나는 때 겨울
먹이 곤충, 도마뱀
개체수 희귀함

o 잡은 곤충을 먹으려 한다.(위)
o 먹이를 찾아 주변을 살핀다.(아래)

때까치과

크기 30~31cm
사는 곳 농경지, 풀밭
나타나는 때 겨울
먹이 도마뱀, 곤충
개체수 희귀함

물때까치Chinese Great Grey Shrike

머리와 등은 회색이고, 날개와 꼬리는 검은색이며, 날개에 흰 반점이 뚜렷하다. 부리는 두껍고 끝이 날카롭다. 검은 눈선이 있다. 풀밭이나 평지에 있는 나무나 덤불 꼭대기, 전깃줄에 몸을 세워 앉고 꼬리를 계속 움직이면서 먹이를 노린다.

o 나뭇가지에 앉아 주변을 살핀다.(위)
o 몸빛이 노랗다.(왼쪽)
o 막 둥지를 떠나 어미를 기다리는
  새끼.(오른쪽)

꾀꼬리|Black-naped Oriole

몸빛은 노란색을 띠며, 검은 눈선과 붉은색 부리가
특징이다. 주로 나무의 높은 곳에 앉는다. 번식기에
는 둥지에 접근하는 새나 사람을 공격해 내쫓기도 한
다. 꾀꼬리가 지저귀는 소리는 아름다운 소리의 대명
사다.

꾀꼬리과

크기 26cm
사는 곳 숲, 공원
나타나는 때 여름
먹이 곤충, 열매
개체수 흔함

o 전깃줄에 앉았다가 날아가서 먹이를 낚아챈다.

바람까마귀과

크기 28~29cm
사는 곳 농경지
나타나는 때 봄, 가을
먹이 곤충
개체수 희귀함

검은바람까마귀Black Drongo

몸 전체가 광택 있는 검은색이며, 꼬리는 길고 끝이 파였다. 나무나 전깃줄에 앉았다가 먹이가 보이면 낚아채서 제자리로 돌아간다. 탁 트인 곳을 좋아한다. 예전에는 보기 어려웠지만, 요즘은 규칙적으로 우리나라를 찾아 이동하는 봄과 가을에 1~2마리씩 관찰된다.

o 갯바위에서 비를 맞으며 쉰다.

회색바람까마귀Ashy Drongo

몸이 전체적으로 어두운 회색을 띠며, 날개는 더 어둡다. 꼬리는 끝이 깊게 파였다. 다리와 부리는 검은색이고, 눈앞에 짧은 털 같은 깃털이 조밀하게 났다. 봄과 가을에 전라남도 신안군 도서 지역에서 주로 관찰되며, 공중에서 먹이를 낚아챈다.

<table>
<tr><td colspan="2">바람까마귀과</td></tr>
<tr><td>크기</td><td>29cm</td></tr>
<tr><td>사는 곳</td><td>숲 가장자리</td></tr>
<tr><td>나타나는 때</td><td>불규칙함</td></tr>
<tr><td>먹이</td><td>곤충</td></tr>
<tr><td>개체수</td><td>아주 희귀함</td></tr>
</table>

o 막대에 앉아 주변을 살핀다.(위)
o 나뭇가지에서 쉰다.(아래)

바람까마귀과

크기 32cm
사는 곳 숲
나타나는 때 불규칙함
먹이 곤충
개체수 아주 희귀함

바람까마귀 Hair-crested Drongo

몸이 전체적으로 금속 광택을 띠는 검은색이다. 이마에 머리카락같이 가는 깃털이 몇 가닥 있다. 다른 바람까마귀류에 비해 꼬리깃이 넓고 끝이 말렸다. 공중에서 먹이를 낚아챈다.

○ 수컷이 새끼에게 먹이를 준다.

긴꼬리딱새Black Paradise Flycatcher

형광 빛이 나는 푸른색 눈테와 부리가 특징이다. 뒷머리에 짧은 댕기깃이 있으며, 머리는 광택 나는 검은색이다. 수컷은 꼬리깃이 몸 크기의 두 배가 넘는다. 주로 나무 꼭대기 부근에서 생활하며, 모기나 나방 등을 낚아챈다. 'Y 자형' 가는 나뭇가지나 덩굴 사이에 이끼와 거미줄로 둥지를 만든다.

긴꼬리딱새과

크기 암컷 18cm, 수컷 45cm
사는 곳 숲
나타나는 때 여름
먹이 곤충
개체수 흔하지 않음

1 암컷과 새끼들.   2 수컷은 꼬리깃이 매우 길다.   3 둥지를 떠난 새끼에게 먹이를 먹인다.

○물을 먹으려고 연못에 왔다.(위)
○위험한 일이 생기지 않나 주위를 경계한다.(왼쪽)
○더위에 지쳐 목욕을 한다.(오른쪽)

어치 Eurasian Jay

머리와 가슴은 갈색이고, 허리는 희다. 산에 가면 '갸악갸악' 하며 시끄럽게 우는 소리가 들린다. 여름에는 도마뱀이나 곤충, 새알 등을 먹고, 겨울에는 도토리를 먹는다. 가을에 도토리를 주워 저장하는데, 저장한 장소를 잊지 않기 위해 큰 나무와 같이 표식이 될 만한 곳을 선택한다.

까마귀과

크기 33cm
사는 곳 숲
나타나는 때 1년 내내
먹이 도마뱀, 곤충, 새알, 도토리
개체수 흔함

o 하늘색 날개와 꼬리가 특징이다.

까마귀과

크기 35~37cm
사는 곳 물가 주변 숲
나타나는 때 1년 내내
먹이 곤충, 개구리, 벼,
　　　콩, 과일
개체수 흔함

물까치 Azure-winged Magpie

검은 머리와 긴 하늘색 꼬리가 특징이다. 전국에서 비교적 흔하게 서식하며, 주로 무리지어 생활한다. 한 마리가 울기 시작하면 주변에 있는 개체들이 모여든다. 나무나 땅에서 먹이를 찾으며, 잡식성이다.

o 땅에서 주변을 살핀다.(위)
o 알은 보통 7~8개 낳는다.(왼쪽)
o 새끼들이 입을 벌리고 어미를
  기다린다.(오른쪽)

까치 Black-billed Magpie

예부터 좋은 소식을 전한다고 여겨 우리와 친근한 새다. 몸빛은 검은색과 흰색이 선명하게 대조되고, 꼬리가 길다. 높은 나무 꼭대기에 나뭇가지로 큰 둥지를 짓는다. 걷거나 껑충껑충 뛰어다니며, 주로 땅에서 먹이를 찾는다. 도심의 쓰레기통을 뒤지기도 한다.

까마귀과
크기 45~46cm
사는 곳 인가 근처, 농경지
나타나는 때 1년 내내
먹이 곤충, 농작물
개체수 아주 흔함

o 떼까마귀와 함께 전깃줄에 앉았다. 왼쪽이 갈까마귀다.

까마귀과

크기 33cm
사는 곳 농경지
나타나는 때 겨울
먹이 곤충, 농작물
개체수 흔하지 않음

갈까마귀 Daurian Jackdaw

까마귀류 중에 가장 작다. 뒷머리의 흰색이 가슴과 배의 흰 부분과 이어지며, 나머지 부분은 검다. 어린 새는 몸 전체가 검다. 주로 떼까마귀 무리에 섞여 겨울을 난다. 수천 마리 떼까마귀 무리에서 수십 마리가 관찰된다.

o 전깃줄에 앉아 쉰다.(위)
o 무리지어 날아간다.(아래)

떼까마귀Rook

몸 전체가 검다. 부리 끝이 뾰족하며, 부리기부는 희다. 겨울에 수백, 수천 마리가 떼지어 선회하면서 이동하기도 한다. 밭에 떼로 내려앉아 곤충이나 씨앗, 낟알 등을 찾아 먹는다. 최근 몇 년 동안 울산 도심에 수만 마리가 한꺼번에 나타나기도 했다.

까마귀과

크기 47cm
사는 곳 농경지
나타나는 때 겨울
먹이 곤충, 씨앗, 낟알
개체수 흔함

○ 머리와 부리가 완만하게 이어진다.(위)
○ 제주 바닷가에서 먹이를 찾는 모습이 관찰되기도 한다.(아래)

까마귀과

크기 50cm
사는 곳 인가 주변의
　　　숲, 농경지
나타나는 때 1년 내내
먹이 새의 알과 새끼,
　　　곤충
개체수 흔함

까마귀Carrion Crow

몸 전체가 검고, 머리와 부리가 완만하게 이어진다. 옛날에는 사람이 죽거나 다치면 어김없이 까마귀 울음소리가 들렸기 때문에 불길한 징조로 여겼지만, 요즘은 까마귀를 보기가 쉽지 않다. 인가 근처 숲에서 번식했으나, 개발로 서식지가 파괴되고 농약을 사용하면서 먹이와 개체수가 줄고 있다.

○ 동물의 사체를 먹는다.(위)
○ 겨울에는 무리지어 생활한다.(왼쪽)
○ 먹이를 놓고 싸운다.(오른쪽)

큰부리까마귀 Large-billed Crow

몸빛이 검고, 이름에서 알 수 있듯이 부리가 크고 두툼하다. 숲의 소나무 꼭대기에 둥지를 짓는다. 겨울에는 무리지어 생활하며, 독수리나 매 등 맹금류가 나타나면 여러 마리가 함께 공격하기도 한다.

까마귀과

크기 56~57cm
사는 곳 숲
나타나는 때 1년 내내
먹이 곤충, 열매,
　　　동물의 사체
개체수 흔함

o 열매를 따 먹는다.

여새과

크기 19~20cm
사는 곳 숲 가장자리,
공원
나타나는 때 겨울
먹이 열매, 곤충
개체수 흔함

황여새Bohemian Waxwing

머리깃이 길고, 눈선과 턱이 검다. 날개에 있는 노란 반점과 꼬리 끝의 노란색이 눈에 띈다. 겨울에 큰 무리로 지내며, 홍여새 무리와 섞여 돌아다니기도 한다. 해마다 우리 나라에 오는 무리의 규모가 다르며, 겨울에 오기 때문에 주로 나무에서 무리지어 열매를 먹는 모습을 볼 수 있다.

ㅇ무리지어 겨울을 난다.

홍여새Japanese Waxwing

꼬리가 짧고, 뒷머리에 댕기깃이 있다. 눈선과 턱은 검은색이고, 꼬리 끝은 진분홍색이다. 날개 윗면에 가는 분홍색 띠가 있다. 겨울에 무리지어 우리 나라로 온다. 무리의 규모는 해마다 다르며, 가끔 황여새 무리에 섞여 오기도 한다. 먹이도 무리지어 먹고, 열매를 좋아한다.

여새과

크기 17~18cm
사는 곳 숲 가장자리, 공원
나타나는 때 겨울
먹이 열매
개체수 흔하지 않음

302

o둥지 만들 재료를 물고 간다.(위)
o나무를 돌아다니며 먹이를 찾는다.
(왼쪽)
o배 가운데 검은 세로줄이 눈에 띈다.
(오른쪽)

<table>
<tr><td colspan="2">박새과</td></tr>
</table>

크기 14cm
사는 곳 숲, 공원
나타나는 때 1년 내내
먹이 곤충, 씨앗, 열매
개체수 흔함

박새Great Tit

몸 아랫면에 있는 검은 세로줄이 특징이다. 수컷은 암컷에 비해 이 줄이 굵고, 어린 새는 흐려서 잘 보이지 않는다. 나뭇구멍이나 인가의 벽 틈, 돌담 사이에서 번식하며, 사람을 별로 경계하지 않는다. 이끼류와 동물의 털을 이용해 둥지를 만들고, 알은 보통 5~11개 낳는다.

ㅇ먹이를 찾아 돌아다닌다.

노랑배진박새Yellow-bellied Tit

가슴과 배가 노란색으로, 진박새와 구별된다. 머리와
목은 검은색이고, 뺨과 꼬리깃 가장자리는 흰색이다.
2005년 인천 소청도에서 처음 관찰된 이후, 전국 각
지에서 관찰 기록이 늘고 있다.

박새과

크기 10cm
사는 곳 숲, 공원
나타나는 때 봄, 가을,
　　　　　　　겨울
먹이 곤충
개체수 희귀함

o 나무 사이를 돌아다니며 먹이를
  찾는다.(위)
o 뒷모습(왼쪽)
o 소나무에서 먹이를 찾는다.(오른쪽)

박새과

크기 11cm
사는 곳 침엽수림, 숲
나타나는 때 1년 내내
먹이 곤충
개체수 흔함

진박새Coal Tit

머리와 턱과 목은 검은색이고, 뺨은 하얗다. 뒷머리에 작은 뿔깃이 있다. 날개와 등, 허리, 꼬리는 짙은 회색이다. 소나무나 삼나무 등 침엽수를 좋아하며, 작은 곤충을 잡아먹는다.

o 숲에서 흔히 볼 수 있는 종이다.(위)
o 나무 열매를 부리로 쪼아 먹는다.(아래)

곤줄박이Varied Tit

박새과

크기 14cm
사는 곳 숲
나타나는 때 1년 내내
먹이 곤충
개체수 흔함

뒷머리와 턱, 앞목이 검다. 이마와 뺨은 연노란색, 배는 갈색이다. 나뭇구멍이나 딱다구리의 헌 둥지를 사용하며, 사람을 별로 경계하지 않는다. 나무 사이를 옮겨 다니면서 먹이를 찾거나, 가지나 줄기를 두드려 먹이를 찾는다. 겨울에는 박새류, 오목눈이 등과 함께 생활하기도 한다.

○ 나뭇가지에서 먹이를 먹는다.(위)
○ 부리가 완전히 성장하지 않은 어린 새.(아래)

박새과

크기 12~13cm
사는 곳 숲, 공원
나타나는 때 1년 내내
먹이 곤충, 거미, 씨앗, 열매
개체수 흔함

쇠박새 Marsh Tit

머리와 턱은 검은색, 등과 날개, 꼬리는 회색이며, 나머지 부분은 회색이 도는 흰색이다. 우리 나라에서 흔히 번식한다. 겨울에는 인가 부근까지 내려와 쉽게 관찰되며, 번식기가 아닌 때는 진박새나 동고비와 함께 생활하기도 한다. 여름에는 곤충이나 거미를 잡아먹고, 겨울에는 씨앗과 열매를 먹는다.

○ 갈대 줄기에서 먹이를 찾는다.

스윈호오목눈이 Chinese Penduline Tit

부리 끝이 매우 뾰족하다. 수컷은 머리꼭대기가 회색이고, 눈선은 검은색이다. 암컷은 눈선이 갈색이다. 습지 주변의 풀이나 갈대 줄기를 왔다갔다하며 줄기 사이 혹은 풀씨 주변에서 겨울을 나는 거미나 곤충을 잡아먹는다. 무리지어 겨울을 난다.

스윈호오목눈이과

크기 11cm
사는 곳 습지의 풀밭, 갈대밭
나타나는 때 겨울
먹이 곤충, 거미
개체수 흔하지 않음

○이동하다가 땅에서 쉰다.

제비과

크기 12~13cm
사는 곳 논, 습지
나타나는 때 봄, 가을
먹이 곤충
개체수 흔하지 않음

갈색제비Sand Martin

우리 나라 제비류 중에 가장 작다. 몸 윗면은 어두운 갈색이고, 아랫면은 흰색이다. 목과 가슴에 어두운 갈색 'T 자형' 무늬가 있고, 꼬리는 약간 파였다. 봄과 가을에 제비 무리에 섞여서 1~2마리 혹은 20~30마리가 관찰된다.

o 이마와 턱의 붉은색이 뚜렷하다.

제비 Barn Swallow

몸 윗면은 푸른빛이 도는 검은색, 아랫면은 흰색이고,
턱과 이마는 붉다. 꼬리는 깊이 파였다. 처마 밑에 진
흙과 마른 풀 줄기로 둥지를 만든다. 농경지가 줄고
주택 형태가 달라짐에 따라 둥지 지을 장소와 먹이,
개체수가 줄고 있다.

제비과

크기 17~18cm
사는 곳 인가 근처
나타나는 때 여름
먹이 곤충
개체수 아주 흔함

1 새끼들이 둥지에서 어미를 기다린다.　2 어미가 둥지를 떠난 새끼에게 먹이를 먹인다.　3 물 위를 날면서 먹이를 찾는다.　4 털갈이를 한다.

ㅇ날면서 먹이를 찾는다.

흰턱제비 Common House Martin

몸 윗면은 검은색이고, 허리와 몸 아랫면은 흰색이다. 날개 아랫면과 꼬리 아랫면 일부는 검은색이다. 꼬리는 오목하게 파였고, 다리와 발가락에 흰색 깃털이 있다. 허리와 등 일부가 흰색으로 흰털발제비보다넓다.

제비과

크기 14cm
사는 곳 농경지, 풀밭
나타나는 때 봄, 가을
먹이 곤충
개체수 희귀함

312

o 귀제비 무리와 함께 전깃줄에 앉았다.

제비과

크기 13cm
사는 곳 마을, 농경지
나타나는 때 봄, 가을
먹이 곤충
개체수 적음

흰털발제비 Asian House Martin

머리와 등, 날개는 검은색이고, 몸 아랫면과 허리는
흰색이다. 다리와 발가락이 흰색 깃털로 덮였다. 꼬리
는 약간 오목한 제비 꼬리형이다. 봄과 가을에 주로
관찰되지만, 제주도에서는 겨울에 무리지어 날아가는
모습이 보이기도 한다.

○ 목부터 배까지 검은 반점이 줄지어
있다.(위)
○ 둥지는 반 가른 호리병 모양이다.
(왼쪽)
○ 허리가 붉은색이다.(오른쪽)

귀제비Red-rumped Swallow

옆목과 허리가 붉어서 제비와 구별된다. 목부터 배까
지 검은 반점이 세로로 줄지어 있다. 진흙과 짚으로
처마나 다리 밑에 반 가른 호리병 모양 둥지를 만든
다. 날아다니면서 곤충을 잡아먹는다.

제비과

크기 18~19cm
사는 곳 인가 근처
나타나는 때 여름
먹이 곤충
개체수 흔함

ㅇ부리가 아주 짧고, 꼬리는 아주 길다.

오목눈이과

크기 14cm
사는 곳 숲
나타나는 때 1년 내내
먹이 거미, 곤충
개체수 흔함

오목눈이Long-tailed Tit

몸이 작고 둥그스름하며, 부리가 짧고, 꼬리는 길다. 눈썹선과 뒷목, 날개, 꼬리는 검은색이며, 꼬리 가장자리는 희다. 나무 사이를 활발히 날아다니며 먹이를 찾는다. 번식기가 아닌 때는 수십 마리가 무리지어 생활한다. 가끔 머리와 얼굴이 하얀 흰머리오목눈이가 관찰되기도 한다.

o 풀씨를 먹는다.(위)
o 땅에서 풀씨를 먹다가 주변을 살핀다.(아래)

쇠종다리Greater Short-toed Lark

부리가 짧고 뭉툭하다. 몸빛은 갈색을 띠며, 부리와
다리는 분홍색, 배는 연노란색이다. 셋째 날개깃이 첫
째 날개깃을 덮는다. 모래밭이나 농경지 등을 좋아하
며, 주로 땅에서 풀씨나 곤충을 먹는다. 이동하는 봄,
가을에 적은 수가 관찰된다.

종다리과

크기 14~16cm
사는 곳 농경지,
　　　　모래밭,
　　　　황무지
나타나는 때 봄, 가을
먹이 풀씨, 곤충
개체수 희귀함

○ 뿔깃을 세우고 나무 기둥에 앉았다.

종다리과

크기 17~18cm
사는 곳 황무지, 농경지
나타나는 때 1년 내내
먹이 곤충, 씨앗
개체수 적음

뿔종다리 Crested Lark

종다리와 아주 비슷하지만, 뒷머리에 긴 뿔깃이 있어 구별된다. 건조한 황무지나 경작지를 좋아한다. 전에는 중부 지방 북쪽의 인가 근처에서 흔히 보이는 텃새였으나, 요즘은 충청남도 서산 천수만에서 번식하는 몇 쌍이 확인될 뿐이다.

317

○ 어미가 새끼의 똥을 치운다.

종다리 Eurasian Skylark

몸 윗면은 갈색, 배는 흰색이다. 날개를 퍼덕이며 하늘 높이 올라가 지저귄 뒤 땅으로 내려온다. 땅을 밥그릇 모양으로 파고 마른 풀 줄기로 둥지를 만든다. '동창이 밝았느냐 노고지리 우지진다'로 시작하는 시조에서 '노고지리'가 종다리의 옛 이름이다. 예부터 농경지에서 흔히 보이던 새다.

종다리과

크기 17~18cm
사는 곳 농경지
나타나는 때 1년 내내
먹이 씨앗, 새순, 곤충
개체수 아주 흔함

1 알은 보통 3~6개 낳는다.
2 새끼들이 둥지에서 어미를
  기다린다.
3 어미가 새끼들에게 곤충을
  먹이는 모습.
4 흙 목욕을 한다.

○ 풀밭에서 먹이를 찾다가 주변을 살핀다.

큰흰날개종다리Mongolian Lark

뺨과 턱, 목이 흰색이다. 목과 가슴의 경계에 검고 넓
은 띠가 있다. 날개에 있는 흰색 무늬가 넓고 뚜렷해
서 이런 이름이 붙었다. 2014년 백령도에서 처음 관
찰되었고, 천수만과 제주도 등지에서 관찰된 기록도
있다.

종다리과

크기 20cm
사는 곳 농경지, 풀숲
나타나는 때 불규칙함
먹이 풀씨
개체수 아주 희귀함

o 암컷이 기장에 앉아 수컷을
  기다린다.(위)
o 독립한 지 얼마 안 된 어린 새.(왼쪽)
o 풀 사이에 거미줄과 솜털 등으로
  둥지를 만든다.(오른쪽)

개개비사촌과

크기 12~14cm
사는 곳 풀밭
나타나는 때 1년 내내
먹이 곤충, 거미, 씨앗
개체수 흔하지 않음

개개비사촌Zitting Cisticola

몸 윗면은 옅은 갈색에 검은 줄무늬가 뚜렷하고, 머리꼭대기는 어두운 갈색이다. 꼬리 끝은 흰색이며, 꼬리 안쪽에 반원 모양 흰 반점이 양쪽으로 포개지듯 늘어섰다. 가는 풀 줄기 사이에 거미줄과 솜털 등 부드러운 재료로 둥지를 만든다. 울면서 높이 날았다 낮게 날았다 하며 세력권을 방어한다.

ㅇ풀 위에서 주변을 경계한다.

비늘무늬덤불개개비Barred Warbler

몸 윗면이 회색을 띠고, 아랫면은 흰색에 검은 가로줄
무늬가 있다. 눈은 노란빛을 띠는 흰색이지만, 어린
새는 어두운 갈색이다. 2013년 제주 마라도에서 관찰
된 것이 우리 나라뿐만 아니라 동아시아에서 처음 관
찰된 기록이다.

꼬리치레과

크기 15cm
사는 곳 덤불
나타나는 때 불규칙함
먹이 곤충, 거미
개체수 아주 희귀함

ㅇ나뭇가지에서 열매를 찾아 두리번거린다.

직박구리과

크기 19cm
사는 곳 숲, 공원
나타나는 때 1년 내내
먹이 열매
개체수 희귀함

검은이마직박구리Light-vented Bulbul

이마는 검은색이고 뒷머리는 흰색이다. 몸 윗면은 어두운 녹색이고, 아랫면은 회색을 띠는 흰색으로 가슴 부분은 더 어둡다. 부리와 다리는 검은색이다. 2002년 전라북도 어청도에서 처음 관찰되었고, 이후에 번식도 했다.

o동백꽃 꿀을 먹는다.

직박구리Brown-eared Bulbul

번식기가 아닌 때 무리지어 날아다니며 시끄럽게 운다. 날개와 꼬리는 갈색, 머리와 등은 회색이며, 뺨에 갈색 반점이 있다. 파도 모양으로 날아다닌다. 도심 가로수에 둥지를 틀 만큼 도시 환경에 잘 적응해서 개체수가 늘고 있다. 여름에는 주로 곤충을 먹고, 겨울에는 열매를 먹는다.

직박구리과

크기 27~29cm
사는 곳 숲, 공원, 인가 근처
나타나는 때 1년 내내
먹이 곤충, 열매
개체수 아주 흔함

1 더워서 물을 먹는다.　2 자줏빛이 나는 알을 4~5개 낳는다.　3 새끼에게 먹이를 먹인다.

4 둥지를 막 떠난 새끼. 5 어미가 둥지를 떠난 새끼에게 먹이를 먹인다.

o 바위를 걸어서 돌아다닌다.(위)
o 관목 숲에서 먹이를 찾아 돌아다닌다.(아래)

휘파람새과

크기 10~11cm
사는 곳 풀숲, 덤불
나타나는 때 여름
먹이 곤충, 거미
개체수 흔함

숲새Asian Stubtail

몸이 아주 작고, 꼬리가 짧다. 몸 윗면은 갈색, 아랫면은 연노란색이며, 흰 눈썹선이 뚜렷하다. 주로 풀숲이나 덤불 속에서 생활하기 때문에 관찰하기 어렵다. '씨, 씨, 씨, 씨' 하고 특이한 울음소리를 내서 존재 여부는 쉽게 확인할 수 있다.

○ 나뭇가지 사이를 돌아다니며
  먹이를 찾는다.(위)
○ 알은 보통 3~6개 낳는다.(왼쪽)
○ 새끼들이 둥지에서 어미를 기다린다
  (오른쪽)

휘파람새Japanese Bush Warbler

몸 윗면은 갈색, 아랫면은 옅은 노란색이며, 회백색
눈썹선이 희미하다. 우리 나라에서 흔히 번식하며, 남
부 지방의 섬과 제주도에서는 겨울에도 관찰된다. 섬
에서 관찰되는 개체는 녹색을 많이 띤다. 번식기가 되
면 수컷이 아름다운 휘파람 소리로 암컷을 유혹한다.

휘파람새과

크기 14~16cm
사는 곳 숲, 덤불
나타나는 때 1년 내내
먹이 곤충, 거미
개체수 흔함

○풀 속에 숨어 찾기 힘들다.

휘파람새과	
크기	12cm
사는 곳	습지 주변의 풀숲
나타나는 때	봄, 가을
먹이	곤충
개체수	흔하지 않음

쥐발귀개개비 Lanceolated Warbler

몸 윗면은 갈색이고, 흰 눈썹선이 불분명하다. 머리 꼭대기와 가슴, 옆구리에 가늘고 검은 반점이 흩어져 있다. 꼬리는 끝으로 갈수록 가늘어지는 쐐기형이다. 습한 풀숲에 숨어서 좀처럼 모습을 드러내지 않지만, 시간을 충분히 두고 기다리면 풀 속에서 나와 먹이를 찾는 모습을 볼 수 있다.

ㅇ텃밭에서 먹이를 찾아 돌아다닌다.

북방개개비 Pallas's Grasshopper Warbler

몸은 전체적으로 노란빛을 띠는 갈색이고, 등에 검은
색 줄무늬가 뚜렷하다. 턱과 가슴은 옅은 갈색이고,
쐐기형 꼬리는 가장자리가 흰색을 띤다. 풀숲에 숨어
서 좀처럼 모습을 드러내지 않아 관찰하기 어렵다.

휘파람새과

크기 14cm
사는 곳 갈대밭, 초지
나타나는 때 봄, 가을
먹이 곤충
개체수 적음

○먹이를 찾다가 주변을 살핀다.

휘파람새과

크기 16cm
사는 곳 덤불, 풀숲
나타나는 때 봄, 가을
먹이 곤충
개체수 흔하지 않음

알락꼬리쥐발귀 Middendorff's Grasshopper Warbler

몸 윗면은 갈색이고, 아랫면은 연한 노란색이다. 부리가 짧고, 흰색 눈썹선이 뚜렷하지 않으며, 꼬리는 둥근형이다. 덤불이나 풀숲을 돌아다니며 먹이를 찾는다. 섬개개비와 비슷하다.

o짝을 찾아 목청을 높인다.

섬개개비Styan's Grasshopper Warbler

몸 윗면은 회색을 띠는 갈색이고, 뚜렷하지 않은 눈
썹선이 있다. 주로 사람이 살지 않는 섬 지역의 키 작
은 나무에 마른 풀 줄기로 둥지를 만든다. 섬 지역에
서 관찰되어 섬개개비라는 이름이 붙었다.

휘파람새과

크기 17cm
사는 곳 숲, 덤불
나타나는 때 봄~가을
먹이 곤충
개체수 적음

○ 풀밭에서 먹이를 찾는다.

휘파람새과

크기 20cm
사는 곳 풀숲, 갈대밭
나타나는 때 봄, 가을
먹이 곤충
개체수 희귀함

큰부리개개비 Thick-billed Warbler

몸 윗면은 갈색이고, 아랫면은 옅은 노란색이다. 부리가 두껍고, 눈썹선은 없지만 눈앞이 흰색이다. 우리나라에서 관찰되는 개개비류 중에 가장 크다. 주로 물가 주변 풀숲이나 억새밭에 돌아다니며 먹이를 찾는다.

○ 하루 종일 갈대 줄기를 붙잡고 시끄럽게 울어 댄다.(위)
○ 부리 안이 붉다.(아래)

개개비Oriental Reed Warbler

여름에 물가의 풀숲이나 갈대밭에서 흔히 번식하는 새다. 몸 윗면은 갈색, 아랫면은 흰색이며, 흰 눈썹선이 뚜렷하지 않다. 하루 종일 갈대 줄기를 붙잡고 '개개개비비비' 하며 시끄럽게 운다. 울 때 유심히 보면 부리 안쪽이 붉은 것을 확인할 수 있다.

휘파람새과

크기 18~19cm
사는 곳 물가의 풀숲, 갈대밭
나타나는 때 여름
먹이 곤충
개체수 흔함

○ 풀밭에서 주변을 살핀다.

휘파람새과

크기 13cm
사는 곳 습지, 갈대밭
나타나는 때 봄~가을
먹이 곤충
개체수 흔하지 않음

쇠개개비 Black-browed Reed Warbler

흰 눈썹선과 그 위에 있는 검은 선이 인상적이다. 몸 윗면은 갈색, 아랫면은 노란빛을 띠는 흰색이다. 우리 나라 일부 지역에서 번식하기도 하지만, 대부분 이동하는 봄과 가을에 관찰된다. 주로 물가의 풀숲이나 갈대밭에서 보이며, 곤충을 즐겨 먹는다.

ㅇ먹이를 찾기 위해 이동하다가 잠시 쉰다.

검은다리솔새Common Chiffchaff

몸 윗면은 회색을 띠는 갈색이고, 아랫면은 회색을 띠
는 흰색이다. 눈썹선은 흰색이고, 부리와 다리는 검은
색이다. 2004년 전라남도 신안군에서 처음 관찰되었
고, 제주도에서는 겨울을 난 기록이 있다.

휘파람새과

크기 12cm
사는 곳 숲, 덤불, 공원
나타나는 때 불규칙함
먹이 곤충, 거미
개체수 아주 희귀함

o 이동하다가 해안가 덤불에 내려앉았다.

휘파람새과

솔새사촌Dusky Warbler

크기 12cm
사는 곳 숲 가장자리 덤불
나타나는 때 봄~가을
먹이 곤충
개체수 적음

몸 윗면은 짙은 갈색이고, 아랫면은 갈색이다. 부리는 가늘고, 흰 눈썹선은 눈앞에서 뒷목까지 이어진다. 숲 가장자리를 돌아다니며 곤충을 잡아먹는다.

○ 마른 나뭇가지에 앉았다.

노랑배솔새사촌Tickell's Leaf Warbler

몸 윗면은 녹색을 띠는 갈색이고, 아랫면과 눈썹선은
옅은 노란색이다. 눈선은 어두운 갈색이고, 다리는 밝
은 갈색이다. 2005년 5월 인천 소청도에서 처음 관찰
되었다.

휘파람새과

크기 11cm
사는 곳 숲, 덤불
나타나는 때 불규칙함
먹이 곤충
개체수 아주 희귀함

o 먹이를 찾아 여기저기 돌아다닌다.

솔새과

크기 14cm
사는 곳 숲 가장자리
　　　덤불
나타나는 때 봄~가을
먹이 곤충
개체수 적음

긴다리솔새사촌Radde's Warbler

몸 윗면은 짙은 갈색이고, 아랫면은 연한 노란색이다. 부리는 두껍고, 흰색 눈썹선은 눈 앞부분이 굵고흐리다. 다리는 붉은색이다. 봄과 가을에 관찰되는나그네새로, 여름에 번식하기도 한다.

ㅇ먹이를 찾아 숲 속을 돌아다닌다.

노랑허리솔새Pallas's Leaf Warbler

솔새류 중에 가장 작다. 머리를 가로지르는 노란색 줄무늬가 뚜렷하다. 노란색 눈썹선과 허리가 특징이다. 나무 사이를 돌아다니며 곤충이나 거미를 잡아먹는다. 이동하는 봄과 가을에 주로 관찰된다.

휘파람새과

크기 10cm
사는 곳 숲
나타나는 때 봄, 가을
먹이 곤충, 거미
개체수 적음

o 나뭇가지 사이를 돌아다니며 먹이를 찾는다.

휘파람새과

크기 10~12cm
사는 곳 숲, 덤불
나타나는 때 봄, 가을
먹이 작은 곤충
개체수 흔함

노랑눈썹솔새Yellow-browed Warbler

솔새류 가운데 작은 편이다. 몸 윗면은 노란빛을 띠는 녹색이고, 연노란색 눈썹선과 날개에 있는 줄무늬 두 개가 뚜렷하다. 머리 중앙에도 흰 선이 있지만 흐려서 잘 보이지 않는다. 이동하는 봄, 가을에 흔히 관찰된다. 높은 나무 꼭대기나 관목 숲 사이를 돌아다니며 작은 곤충을 잡아먹는다.

ㅇ나뭇가지를 이리저리 옮겨 다닌다.

솔새 Arctic Warbler

몸 윗면은 갈색을 띠는 녹색이며, 아랫면은 노란빛을
띠는 회색, 다리는 갈색이다. 연노란색 눈썹선이 길고
뚜렷하다. 우리 나라에서 번식하지만, 이동하는 봄과
가을에 더 많은 개체가 관찰된다. 이동할 때는 무리
지어 다닌다. 주로 나무 위에서 생활하고, 활발히 옮
겨 다니며 먹이를 찾는다.

휘파람새과

크기 12~13cm
사는 곳 숲, 공원
나타나는 때 봄~가을
먹이 곤충
개체수 흔함

o 관목 사이로 돌아다니며 먹이를 찾는다.

휘파람새과

크기 12cm
사는 곳 관목 숲
나타나는 때 봄~가을
먹이 곤충
개체수 흔하지 않음

되솔새 Pale-legged Leaf Warbler

몸 윗면은 녹색을 띠는 갈색이다. 녹색이 강한 다른 솔새류에 비해 갈색이 강해서 몸빛이 어두워 보인다. 눈썹선은 흰색, 다리는 밝은 살구색이다. 나무 꼭대기보다 낮은 가지에 주로 앉으며, 어두운 숲 속의 관목 사이를 활발히 날아다닌다. 먼 곳보다 가까운 가지로 돌아다닌다.

○ 머리꼭대기에 희미한 중앙선이 보인다.(위)
○ 날아서 먹이를 잡기도 한다.(아래)

산솔새Eastern Crowned Warbler

몸 윗면은 녹색, 아랫면은 흰색, 눈썹선은 연노란색
이다. 머리꼭대기에 흐린 녹색 중앙선이 있다. 윗부리
는 어두운 갈색이고, 아랫부리는 연노란색이다. 나뭇
가지 사이로 활발히 옮겨 다니며 먹이를 찾는다. 낙엽
활엽수림이나 관목 숲의 풀뿌리, 언덕의 움푹 파인 곳
에 둥지를 튼다.

휘파람새과

크기 12~13cm
사는 곳 숲, 공원
나타나는 때 여름
먹이 곤충
개체수 흔함

○ 소나무에서 먹이를 찾는다.(위)
○ 상모를 떠오르게 하는 머리꼭대기.(아래)

상모솔새과

크기 9~10cm
사는 곳 침엽수림
나타나는 때 겨울
먹이 곤충. 거미,
　　　곤충의 알
개체수 흔함

상모솔새 Goldcrest

우리 나라에 기록된 새 중에 가장 작다. 머리꼭대기에 검은 띠로 둘러싸인 노란 무늬가 '상모'를 떠오르게 한다. 몸 윗면은 녹색을 띤다. 주로 소나무 같은 침엽수림에서 관찰되며, 겨울에 나무 꼭대기를 따라 무리 지어 이동하면서 나무에 붙어 있는 거미나 작은 곤충, 곤충의 알을 찾아 먹는다.

ㅇ 갈대 줄기 사이로 돌아다니며 먹이를 찾는다.

붉은머리오목눈이 Vinous-throated Parrotbill

몸빛은 밝은 갈색이다. 부리가 아주 짧고 두꺼우며, 꼬리는 길다. 관목이나 풀숲, 덤불 속에 둥지를 만들며, 흔히 번식하기 때문에 뻐꾸기가 주로 이 새의 둥지에 탁란을 한다. 번식기가 아닌 때는 수십 마리가 무리지어 생활한다. '뱁새가 황새 따라가면 다리가 찢어진다'는 속담의 뱁새가 바로 이 새다.

붉은머리오목눈이과

크기 13cm
사는 곳 관목, 덤불
나타나는 때 1년 내내
먹이 곤충, 거미
개체수 아주 흔함

1 알을 품는다.   2 알은 보통 3∼5개 낳는다.   3 갓 부화한 새끼와 아직 부화하지 않은 알.

○ 매화꽃에서 꿀을 먹다가 주변을 경계한다.(위)
○ 열매를 먹는다.(아래)

동박새Japanese White-eye

몸 윗면은 노란빛을 띠는 녹색이고, 눈테는 흰색, 옆
구리는 옅은 갈색이다. 따뜻한 남부 지방의 섬에서 주
로 관찰된다. 가는 나뭇가지에 거미줄을 이용해 둥지
를 매달고, 알은 보통 4~5개 낳는다. 번식기가 아닌
때는 무리지어 생활한다. 동백꽃 꿀을 좋아해 꽃이
필 때쯤 동백나무 숲에 모여든다.

동박새과

크기 11~12cm
사는 곳 숲, 공원
나타나는 때 1년 내내
먹이 거미, 곤충, 꽃 꿀,
　　　열매
개체수 흔함

o 소나무 숲에서 나뭇가지에 앉아 쉰다.

동박새과

크기 11cm
사는 곳 숲
나타나는 때 봄, 가을
먹이 곤충, 거미
개체수 적음

한국동박새Chestnut-flanked White-eye

몸 윗면은 녹색이고, 아랫면은 흰색이다. 턱과 목은
노란색이다. 옆구리는 밤색으로 동박새와 구별된다.
봄과 가을에 주로 서해안 섬 지역에서 관찰되며, 동남
아시아에서 겨울을 지내기 위해 장거리 이동을 한다.

o 꼬리를 치켜들고 먹이를 찾아다닌다.(위)
o 잠시도 쉬지 않고 관목 사이로 돌아다닌다.(아래)

굴뚝새 Winter Wren

굴뚝새과

크기 10~11cm
사는 곳 계곡 옆의 숲
나타나는 때 1년 내내
먹이 곤충, 거미
개체수 흔함

몸이 작고, 어두운 갈색을 띤다. 부리는 가늘고, 짧은 꼬리는 약간 들렸다. 가늘고 흰 눈썹선이 뚜렷하지 않다. 예전에는 처마나 건물 틈에서도 번식했으나, 요즘은 산이나 물가 근처의 암벽 틈이나 교목 뿌리에 둥지를 튼다. 번식기에 아름다운 소리로 지저귄다. 쉴 새없이 움직이며 돌아다닌다.

ㅇ먹이를 찾다가 잠시 주변을 살핀다.

동고비과

크기 14cm
사는 곳 숲
나타나는 때 1년 내내
먹이 씨앗, 열매
개체수 흔함

동고비Eurasian Nuthatch

몸 윗면은 푸른빛이 도는 회색이고, 아랫배는 갈색을 띤다. 검은 눈선 위로 흰 눈썹선이 보이기도 한다. 주로 나무 위에서 생활하며, 줄기를 따라 위아래로 능수능란하게 움직인다. 딱다구리 구멍을 보수해 둥지로 사용하고, 둥지 입구가 크면 진흙으로 막는다. 씨앗이나 열매 등을 먹는다.

○ 나무를 수직으로 오르내린다.

나무발발이Eurasian Treecreeper

부리가 아래로 휘었으며, 흰색 눈썹선이 뚜렷하다. 턱과 목, 가슴, 배는 흰색이고, 아랫배는 옅은 갈색이다. 머리부터 등까지 흰 세로줄 무늬가 있다. 꼬리로 줄기를 지탱하여 수직으로 나무를 오르내린다.

나무발발이과

크기 13cm
사는 곳 숲
나타나는 때 겨울
먹이 곤충
개체수 흔하지 않음

● 전깃줄에 앉아 주변을 살핀다.(위)
● 나뭇가지에 앉아 먹잇감을 찾는다.(아래)

찌르레기과

북방쇠찌르레기Daurian Starling

크기 18cm
사는 곳 마을,
　　　　　숲 가장자리
나타나는 때 봄~가을
먹이 곤충, 열매
개체수 적음

머리와 가슴, 배는 회색이고, 등과 날개, 부리는 검은색이다. 허리는 연한 노란색이고, 뒷머리에 검은색 반점이 특징이다. 여름에 전국적으로 희귀하게 번식하기도 한다.

o 열매를 따 먹는 수컷.(위)
o 수컷은 뺨에 적갈색 반점이 있다.(아래)

쇠찌르레기 Chestnut-cheeked Starling

찌르레기류 가운데 작은 종이다. 수컷은 옆목과 뺨에
적갈색 반점이 있다. 암컷은 몸 윗면이 갈색을 띠고,
부리는 검다. 번식이 끝나면 무리지어 돌아다니고, 한
마리가 날면 일제히 날아오른다. 거미나 곤충, 열매,
감 등을 즐겨 먹는다.

찌르레기과

크기 19cm
사는 곳 인가 근처,
공원
나타나는 때 여름
먹이 거미, 곤충, 열매
개체수 희귀함

○ 땅에서 먹이를 잡아먹는다.

찌르레기과

크기 18cm
사는 곳 마을,
　　　　숲 가장자리
나타나는 때 봄, 가을
먹이 열매, 곤충
개체수 희귀함

잿빛쇠찌르레기White-shouldered Starling

머리와 목, 가슴은 밝은 회색이고, 등과 허리는 회색이다. 어깨깃은 흰색이고, 부리와 다리는 푸른색을 띠는 회색이다. 밝은 회색 눈이 특징이다. 봄과 가을 서해안 섬 지역에서 주로 관찰된다.

o 어린 새가 전깃줄에 앉아서 운다.(위)
o 우리 나라에서는 3회 관찰된 기록이 있다.(아래)

분홍찌르레기 Rosy Starling

뒷목에 뿔깃이 있다. 수컷은 머리와 목, 날개, 꼬리가
검고, 부리와 등, 허리, 몸 아랫면은 분홍색으로 선명
하게 대조된다. 암컷은 몸빛이 조금 옅고, 뿔깃이 짧
으며, 등에 갈색이 돈다. 위험을 느끼면 나무 꼭대기
나 전깃줄에 날아가 앉는다.

찌르레기과

크기 21~24cm
사는 곳 농경지,
　　　　인가 근처
나타나는 때 불규칙함
먹이 곤충, 씨앗
개체수 아주 희귀함

○ 수컷은 머리와 얼굴이 누런 갈색이다. (위)
○ 무리지어 나뭇가지에 앉아 쉰다. (왼쪽)
○ 암컷이 먹이를 물고 둥지로 들어간다.(오른쪽)

찌르레기과
크기 24cm
사는 곳 농경지, 숲, 인가 근처
나타나는 때 불규칙함
먹이 곤충, 열매
개체수 희귀함

붉은부리찌르레기 Red-billed Starling

수컷은 머리가 누런 갈색이며, 적갈색 부리기부는 끝이 검고, 다리는 갈색이다. 뒷목과 몸 아랫면은 푸른 빛을 띠는 회색이고, 허리와 꼬리 윗부분은 회백색, 홍채는 어두운 갈색이다. 암컷은 몸빛이 갈색이다. 몇년 전 찌르레기 무리에 섞인 1~2마리가 처음 관찰되었다.

o 멀구슬나무 열매를 먹는다.(위)
o 땅에서 먹이를 찾는다.(아래)

찌르레기|White-cheeked Starling

부리는 주황색, 얼굴과 허리는 흰색이다. 여름에 나뭇
구멍이나 지붕 틈에 둥지를 만든다. 가끔 보일러 연
통에 둥지를 틀어 연통이 막히기도 한다. 겨울에는 수
십, 수백 마리가 무리지어 다닌다. 땅 위에 걸어다니
며 먹이를 찾거나, 논밭의 전깃줄에 수백 마리가 줄지
어 앉은 모습이 자주 눈에 띈다.

찌르레기과

크기 24cm
사는 곳 인가 근처,
　　농경지
나타나는 때 여름, 겨울
먹이 곤충, 열매
개체수 흔함

○ 수십 마리가 무리지어 다니는 모습도 관찰된다.(위)
○ 몸에 흰 반점이 있다.(아래)

찌르레기과

크기 21~23cm
사는 곳 인가 근처,
　　　　농경지
나타나는 때 봄, 가을,
　　　　겨울
먹이 곤충, 열매
개체수 희귀함

흰점찌르레기Common Starling

광택이 나는 검은색 몸에 흰 반점이 흩어져 있고, 부리는 검다. 여름에는 흰 반점이 줄어들고, 부리가 노래진다. 겨울에 찌르레기 무리에 섞인 1~2마리가 주로 관찰되었으나, 요즘은 수십 마리가 무리지어 다니기도 한다.

○ 땅에서 먹이를 찾는다.(위)
○ 까마귀쪽나무 열매를 먹는다.(아래)

흰눈썹지빠귀Siberian Thrush

수컷은 몸이 검고, 눈썹선이 희며, 다리는 노랗다. 암컷은 몸빛이 어두운 갈색이고, 몸 아랫면에 흰색과 옅은 갈색 반점이 있고, 눈썹선이 희미하다. 이동하는 봄, 가을에 작은 무리가 관찰되지만 흔하지는 않다. 애벌레나 열매를 즐겨 먹는다.

지빠귀과

크기 23~24cm
사는 곳 숲
나타나는 때 봄, 가을
먹이 애벌레, 열매
개체수 적음

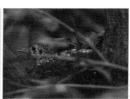

o 눈 위에서 주변을 살핀다.(위)
o 겨울에 감을 먹는다.(왼쪽)
o 어미가 알을 품는다.(오른쪽)

지빠귀과

크기 29~30cm
사는 곳 숲, 공원
나타나는 때 1년 내내
먹이 지렁이, 곤충
개체수 흔함

호랑지빠귀 White's Thrush

몸 윗면은 누런 갈색, 아랫면은 흰색이고, 전체에 검은 비늘 무늬가 있다. 숲 속 바닥에서 걷거나 몸을 낮추고 민첩하게 먹이를 찾아다니며, 낙엽 속에서 지렁이를 잡아먹는다. 번식기가 되면 새벽녘과 밤에 '호오-' 하며 가늘고 긴 금속성 소리로 운다.

ㅇ나뭇가지에 앉아 날아오르려고 준비하는 암컷.

되지빠귀 Grey-backed Thrush

부리가 노랗다. 수컷은 머리와 가슴, 등이 회색을 띠고, 옆구리는 주황색이다. 암컷은 몸 윗면이 갈색이고, 가슴에 검은 반점이 흩어져 있다. 숲 속에서 번식하며, 나뭇가지 사이에 둥지를 튼다. 땅에서 걸어다니며 먹이를 찾는다. 주로 지렁이나 애벌레를 먹고, 열매를 먹기도 한다.

지빠귀과

크기 23cm
사는 곳 숲, 공원
나타나는 때 여름
먹이 지렁이, 애벌레, 열매
개체수 흔하지 않음

362

○바위에서 주변을 살핀다.

지빠귀과

크기 22~23cm
사는 곳 숲
나타나는 때 봄, 가을
먹이 곤충, 열매
개체수 적음

검은지빠귀Japanese Thrush

수컷은 머리와 얼굴, 가슴, 날개가 검다. 몸 아랫면은
흰 바탕에 검은 반점이 흩어져 있다. 노란 부리와 눈
테가 뚜렷하다. 암컷은 몸 윗면이 녹색을 띠는 갈색
이고, 옆구리와 날개 아랫면은 주황색이며, 가슴과 옆
구리에 흑갈색 반점이 줄지어 있다. 최근에는 해마다
봄, 가을에 규칙적으로 관찰된다.

o 버려진 귤을 먹는다.

대륙검은지빠귀Eurasian Blackbird

부리와 눈테가 노랗다. 수컷은 몸빛이 검고, 암컷은
흑갈색이다. 땅 위에 돌아다니며 낙엽 속에 있는 지렁
이나 애벌레를 잡아먹고, 나무 위에서 열매나 과일을
먹기도 한다. 최근 우리 나라에서 번식하는 것이 확인
되었다.

<table>
<tr><td colspan="2">지빠귀과</td></tr>
<tr><td>크기</td><td>24~28cm</td></tr>
<tr><td>사는 곳</td><td>숲, 공원</td></tr>
<tr><td>나타나는 때</td><td>봄, 가을</td></tr>
<tr><td>먹이</td><td>지렁이, 애벌레,
열매</td></tr>
<tr><td>개체수</td><td>희귀함</td></tr>
</table>

o 흰 눈썹선이 뚜렷하다.(위)
o 까마귀쪽나무 열매를 먹는다.(아래)

지빠귀과

크기 21~22cm
사는 곳 숲, 공원
나타나는 때 봄, 가을
먹이 곤충, 열매
개체수 적음

흰눈썹붉은배지빠귀 Eye-browed Thrush

수컷은 머리와 목이 회색이고, 등과 날개는 갈색, 가슴과 옆구리는 주황색이다. 암컷은 머리가 갈색이며, 나머지는 수컷과 같다. 봄, 가을에 숲 속 풀이 적은 땅에서 걷거나 뛰면서 먹이를 찾는 모습이 눈에 띈다. 나뭇가지에서 열매를 따 먹기도 한다.

o 땅에 떨어진 열매를 주워 먹는다.(위)
o 알은 보통 3~5개 낳는다.(아래)

흰배지빠귀Pale Thrush

몸 윗면은 갈색을 띠고, 수컷은 머리가 어두운 갈색이다. 땅 위에 뛰어다니며 낙엽 속에 있는 곤충이나 지렁이, 열매를 찾아 먹는다. 나뭇가지 사이에 나무 뿌리, 마른 풀, 이끼로 밥그릇 모양 둥지를 튼다. 여름에 번식하러 우리 나라에 오며, 제주도나 거제도 등 따뜻한 지방에서 겨울을 나기도 한다.

지빠귀과

크기 23~25cm
사는 곳 숲, 공원
나타나는 때 1년 내내
먹이 곤충, 지렁이, 열매
개체수 흔함

o 먹이를 찾다가 주변을 살핀다.

지빠귀과

크기 23~24cm
사는 곳 숲
나타나는 때 봄, 가을
먹이 곤충, 열매
개체수 적음

붉은배지빠귀Brown-headed Thrush

몸 윗면은 갈색이고, 가슴과 옆구리는 주황색, 배는 흰색이다. 수컷은 머리가 어두운 갈색이고, 눈테와 다리, 아랫부리는 노란색이며, 윗부리는 검다. 예전에는 이동하는 봄과 가을에 몇 번 관찰된 기록이 있을 뿐이어서 길 잃은 새로 여겼으나, 요즘은 해마다 봄과 가을에 규칙적으로 관찰된다.

○땅에서 먹이를 찾다가 주변을 살핀다.

붉은목지빠귀Red-throated Thrush

수컷은 턱과 목, 가슴, 눈썹선이 붉은빛을 띠는 갈색이고, 몸 윗면은 회색을 띠는 갈색이다. 암컷은 몸이 전체적으로 옅은 회색을 띠는 갈색이다. 2001년 전라남도 신안 가거도에서 처음 관찰되었다. 수컷의 목 부분이 붉어서 붙은 이름이다.

지빠귀과

크기 24cm
사는 곳 숲, 공원
나타나는 때 봄, 가을, 겨울
먹이 열매
개체수 희귀함

○ 풀밭에서 먹이를 찾아 주변을 살핀다.

지빠귀과

크기 24cm
사는 곳 숲, 농경지, 풀숲
나타나는 때 겨울
먹이 곤충, 열매
개체수 흔함

노랑지빠귀Naumann's Thrush

몸 윗면은 갈색이고, 가슴과 옆구리는 붉은빛을 띠는 갈색이다. 꼬리 가장자리도 붉은빛을 띠는 갈색으로 뚜렷하다. 과거에는 개똥지빠귀와 같은 종으로 여겼으나, 최근에 다른 종으로 나뉘었다.

ㅇ 나뭇가지에서 주변을 살핀다.(위)
ㅇ 흰 눈썹선과 몸 아랫면에 검은 반점이 뚜렷하다.(아래)

개똥지빠귀 Dusky Thrush

겨울을 나러 우리 나라에 온다. 흰 눈썹선이 뚜렷하고, 몸 아랫면에 있는 검은 반점이 눈에 띈다. 날개는 붉은빛이 도는 갈색이다. 주로 남부 지방에서 겨울을 나며, 작은 무리를 지어 생활한다.

지빠귀과

크기 24cm
사는 곳 숲, 농경지, 풀숲
나타나는 때 겨울
먹이 곤충, 열매
개체수 흔함

○바위에서 주변을 살핀다.

솔딱새과

붉은가슴울새Japanese Robin

크기 14cm
사는 곳 숲
나타나는 때 봄, 가을
먹이 곤충, 거미
개체수 희귀함

머리와 목, 가슴, 꼬리는 붉은색이고, 배는 회색을 띤다. 가슴과 배의 경계가 짙은 회색으로 뚜렷하게 보인다. 땅 위에 돌아다니며 먹이를 찾는다. 봄, 가을 서해안과 남해안 섬 지역에서 주로 관찰된다.

o 파이프에 앉아서 주변을 살핀다.

흰눈썹울새 Bluethroat

몸 윗면은 갈색이고 검은 줄무늬가 있으며, 흰 눈썹
선이 뚜렷하다. 수컷은 턱과 목, 가슴이 파란색이고,
목과 가슴 사이에 굵고 붉은 띠가 있다. 이동하는 봄,
가을에 주로 관찰된다.

솔딱새과

크기 15cm
사는 곳 덤불, 갈대밭
나타나는 때 봄, 가을
먹이 곤충
개체수 적음

○수컷은 턱이 진한 붉은색이다.(왼쪽)
○암컷은 턱이 붉지 않다.(오른쪽)
○관목 사이로 돌아다니며 먹이를 찾는다.(아래)

솔딱새과

크기 15~16cm
사는 곳 덤불, 관목
나타나는 때 봄, 가을
먹이 곤충, 열매
개체수 적음

진홍가슴Siberian Rubythroat

몸 윗면이 갈색을 띤다. 수컷은 턱이 진한 붉은색이고, 흰 눈썹선이 뚜렷하며, 배는 희다. 이동하는 봄, 가을에 우리 나라를 찾는다. 덤불이나 관목 속에서 관찰되며, 땅 위에 걸어다니며 먹이를 찾을 때가 많다. 곤충을 주로 먹지만, 열매를 먹기도 한다.

o 수컷은 몸 윗면이 짙은 푸른색이다.(위)
o 암컷은 허리와 꼬리 일부만 푸른색이다.(아래)

쇠유리새Siberian Blue Robin

수컷은 몸 윗면이 짙은 푸른색, 아랫면은 흰색으로
선명하게 대조된다. 눈앞과 밑으로 검은 줄무늬가 있
다. 암컷은 몸 윗면이 갈색이고, 허리와 꼬리 일부만
푸른색이다. 땅이나 나뭇가지에 서 있을 때 종종 꼬리
를 치켜든다. 숲 속에서 주로 생활하며, 땅 위를 뛰어
다니거나 관목 사이로 돌아다닌다.

솔딱새과

크기 14cm
사는 곳 숲
나타나는 때 여름
먹이 곤충
개체수 흔함

○ 나뭇가지 사이로 돌아다닌다.(위)
○ 잡은 먹이를 물고 있다.(왼쪽)
○ 나뭇가지에 앉아 주위를 살핀다.
(오른쪽)

솔딱새과

크기 14cm
사는 곳 숲, 공원
나타나는 때 봄, 가을,
　　　　　　　겨울
먹이 곤충, 거미
개체수 흔함

유리딱새Orange-flanked Bush Robin

수컷은 머리부터 꼬리까지 푸르고, 옆구리는 주황색
이다. 눈썹선은 흰색이며, 눈앞이 넓다. 암컷은 몸 윗
면이 갈색이고, 꼬리는 옅은 푸른색이다. 이동하는 봄
과 가을에 흔히 관찰되며, 겨울을 나는 개체도 종종
눈에 띈다. 단독 혹은 암수가 함께 생활하며, 보통 무
리짓지 않는다.

375

○ 돌담에서 주변을 두리번거린다.(위)
○ 어디로 갈지 고민하는 뒷모습.(아래)

울새Rufous-tailed Robin

몸 윗면은 갈색이고, 꼬리는 붉은색이다. 가슴부터 배까지 갈색 비늘 무늬가 뚜렷하다. 주로 땅 위에 걸어다니며 먹이를 잡아먹는다.

솔딱새과

크기 14cm
사는 곳 숲, 공원
나타나는 때 봄, 가을
먹이 곤충
개체수 흔함

ㅇ잡은 쥐며느리를 먹으려 한다.

솔딱새과

크기 14cm
사는 곳 평지의 숲, 공원
나타나는 때 불규칙함
먹이 곤충, 열매
개체수 아주 희귀함

검은머리딱새Black Redstart

수컷은 머리와 가슴, 등, 날개가 검고, 배와 꼬리는 적갈색이며, 꼬리에 검은 띠가 있다. 암컷은 몸 전체가 짙은 회갈색이다. 주로 나무나 덤불에 앉아서 꼬리를 위아래로 까딱까딱 흔든다. 딱정벌레 같은 곤충을 즐겨 먹는다.

o 수컷이 세력권에 침입한 다른
　수컷을 몰아 내고 쉰다.(위)
o 암컷. 날개의 흰 반점이 눈에 띈다.
　(왼쪽)
o 암컷. 허리와 꼬리 가장자리가
　적갈색이다.(오른쪽)

딱새 Daurian Redstart

수컷은 뒷머리가 어두운 회색이고, 뺨과 목, 날개, 등
은 검은색, 가슴과 배는 주황색이다. 날개에 크고 흰
반점이 있다. 암컷은 꼬리를 제외한 몸빛이 갈색을 띠
고, 날개의 흰 반점이 수컷보다 작다. 앉았을 때 꼬리
를 위아래로 흔들며 '딱딱' 소리를 낸다.

솔딱새과

크기 14cm
사는 곳 숲 가장자리,
　　　　덤불
나타나는 때 1년 내내
먹이 곤충, 거미, 열매
개체수 흔함

o 수컷이 먹이를 찾아 돌아다닌다.(위)
o 암컷이 물가에서 먹이를 찾는다.(아래)

크기 13cm
사는 곳 하천변
나타나는 때 봄, 가을,
　　　　　　　겨울
먹이 곤충, 거미
개체수 희귀함

부채꼬리바위딱새Plumbeous Water Redstart

수컷은 허리와 꼬리가 붉은빛이 도는 갈색이고, 이 부위를 제외한 몸 전체는 푸른빛이 도는 검은색이다. 암컷은 몸 윗면이 회색을 띠고, 아랫면은 흰색 비늘 무늬가 있다. 꼬리를 부채처럼 폈다 접었다 하며 먹이를 찾는다.

○죽은 풀에 앉아서 먹이를 찾는 수컷.

검은딱새Eurasian Stone Chat

수컷은 머리와 등, 날개, 꼬리가 검고, 가슴은 주황색
이며, 허리와 날개에 흰 반점이 뚜렷하다. 암컷은 머
리와 날개가 어두운 갈색이고, 가슴은 옅은 주황색이
다. 풀 위나 관목의 가지에 앉아 있을 때가 많다. 날
개를 빠르게 움직여 풀 위나 관목을 스치듯이 날아다
닌다. 일부는 우리 나라에서 번식하기도 한다.

솔딱새과

크기 13cm
사는 곳 농경지, 덤불
나타나는 때 봄~가을
먹이 곤충, 거미
개체수 흔함

380

1 암컷이 풀에 앉아 쉰다.　2 수컷은 가슴이 주황색이다.　3 겨울이면 수컷의 검은 머리가 어두운 갈색이 된다.

ㅇ바위에서 주변을 살핀다.

검은등사막딱새 Pied Wheatear

수컷은 머리와 허리, 가슴, 배가 흰색이고, 턱과 목,
등, 날개는 검은색이다. 흰 꼬리 중앙과 끝에 굵고 검
은 띠가 있다. 암컷은 몸빛이 갈색을 띤다. 1988년 인
천 강화도에서 암컷이 관찰되었다.

솔딱새과	
크기	15cm
사는 곳	풀밭, 농경지
나타나는 때	불규칙함
먹이	곤충
개체수	아주 희귀함

○ 먹이를 찾다가 잠시 쉰다.

솔딱새과

크기 15cm
사는 곳 풀숲, 농경지
나타나는 때 불규칙함
먹이 곤충
개체수 아주 희귀함

검은꼬리사막딱새 Desert Wheatear

몸 윗면이 밝은 갈색이고, 날개깃은 어두운 갈색이다. 턱과 목, 뺨, 꼬리는 검은색이고, 흰 눈썹선이 있다. 배와 가슴은 노란빛을 띠는 흰색이다. 2008년 경상북도 포항에서 처음 관찰되었다.

ㅇ수컷의 배는 갈색이다.

바다직박구리Blue Rock Thrush

솔딱새과

크기 23~25cm
사는 곳 바닷가
나타나는 때 1년 내내
먹이 곤충, 거미, 열매
개체수 흔함

바닷가 절벽이나 바위 틈에 둥지를 만든다. 수컷은 몸 윗면이 푸른색, 배는 갈색이다. 암컷은 몸빛이 어두운 갈색이며, 몸 아랫면에 비늘 무늬가 있다. 번식기에는 아름다운 소리로 지저귀며, 자기 영역에 다른 개체가 들어오면 바로 쫓아 낸다. 바닷가에 살지만, 거미나 곤충, 열매 등을 먹는다.

1 암컷은 몸빛이 어두운 갈색이며, 비늘 무늬가 있다.   2 수컷은 몸 윗면이 푸른색이다.   3 어린 새가 애벌레를 먹는다.

○ 수컷이 이동하다가 쉰다.(왼쪽)
○ 암컷이 나뭇가지에서 주변을 살핀다.(오른쪽)

꼬까직박구리White-throated Rock Thrush

수컷은 뒷머리와 어깨깃이 푸른색이며, 목에 작은 반점이 있다. 눈앞과 몸 아랫면, 허리는 적갈색이다. 백두산 부근에서 작은 무리가 번식하나, 우리 나라에서는 이동할 때 볼 수 있다. 주로 곤충을 잡아먹는다.

솔딱새과
크기 18~19cm
사는 곳 숲
나타나는 때 봄, 가을
먹이 곤충
개체수 희귀함

○먹이를 낚아채서 제자리로 돌아온다.

솔딱새과

크기 14∼15cm
사는 곳 숲
나타나는 때 봄, 가을
먹이 곤충
개체수 흔함

제비딱새 Grey-streaked Flycatcher

솔딱새와 비슷하게 생겼으나, 가슴과 배에 회갈색 반점이 세로로 줄지어 있어 구별된다. 우리 나라에서 관찰되는 솔딱새류 중에 가장 크다. 나뭇가지에 앉을 때는 날개를 꼬리 아래쪽으로 내린다. 눈테가 희고, 눈앞이 솔딱새보다 뚜렷하다.

○ 날아다니는 곤충을 보면 낚아챈다.(위)
○ 가슴과 옆구리는 짙은 회갈색이다.(아래)

솔딱새Dark-sided Flycatcher

몸 윗면은 갈색이 강한 회색이고, 가슴과 옆구리는
짙은 회갈색, 목과 배는 흰색이다. 흰 눈테가 뚜렷하
지만, 눈앞은 흐리다. 나뭇가지에 앉았다가 날아다니
는 곤충을 발견하면 잽싸게 날아올라 '딱' 소리가 나
게 낚아챈 뒤 제자리로 돌아온다.

솔딱새과

크기 13~14cm
사는 곳 탁 트인 숲
나타나는 때 봄, 가을
먹이 곤충
개체수 흔하지 않음

○ 소나무에 앉아 먹이를 찾는다.(위)
○ 가슴과 옆구리가 밝은 회색이다.(아래)

솔딱새과

크기 13cm
사는 곳 숲
나타나는 때 봄~가을
먹이 곤충
개체수 흔함

쇠솔딱새Asian Brown Flycatcher

우리 나라에서 적은 수가 번식하지만, 봄과 가을에 많은 수가 찾아오기 때문에 관찰하기 쉽다. 가슴과 옆구리가 밝은 회색이어서 솔딱새와 구별되며, 아랫 부리의 황갈색 부분이 넓다. 솔딱새류는 부리가 작고 납작하며, 부리 주위에 뻣뻣한 털이 있어 날아다니는 먹이를 잡기에 편하다.

○수컷. 몸 아랫면의 노란색이
 눈에 띈다.(왼쪽)
○암컷은 몸 아랫면이 노란빛을
 띠는 흰색이다.(오른쪽)
○수컷이 나뭇가지에 앉아
 날아다니는 곤충을 찾는다.(아래)

흰눈썹황금새 Yellow-rumped Flycatcher

날개에 흰 반점이 있다. 수컷은 허리와 몸 아랫면이
노랗고, 윗면은 검은색이며, 흰 눈썹선이 뚜렷하다.
암컷은 허리가 노란색, 몸 윗면은 녹색을 띠는 갈색이
다. 나뭇구멍에 둥지를 틀며, 알은 보통 4~6개 낳는
다. 전에는 흔히 번식하는 새였으나, 최근 개체수가
감소하고 있다.

솔딱새과

크기 13cm
사는 곳 숲, 공원
나타나는 때 여름
먹이 곤충
개체수 흔하지 않음

○ 수컷은 눈 뒤쪽에 흰 반점이 있다.(왼쪽)
○ 나뭇가지에 앉아 먹이를 찾는 암컷.(오른쪽)

솔딱새과

크기 13cm
사는 곳 탁 트인 숲,
공원
나타나는 때 봄, 가을
먹이 곤충
개체수 흔함

노랑딱새Mugimaki Flycatcher

수컷은 몸 윗면이 검고, 날개와 눈 뒤쪽에 흰 반점이 있다. 목부터 가슴까지 주황색이라 눈에 잘 띈다. 암컷은 몸 윗면이 녹색이 도는 갈색, 목과 가슴은 연노란색이다. 나뭇가지에 앉았다가 곤충, 특히 날아다니는 파리가 보이면 공중에서 낚아챈다.

○ 수컷이 날아다니는 곤충을 잡으려 한다.

황금새Narcissus Flycatcher

수컷은 허리와 눈썹선이 노랗고, 목과 가슴은 짙은
주황색, 몸 윗면은 검은색이며, 날개에 흰 반점이 있
다. 암컷은 몸 윗면이 녹색이 도는 갈색이고, 꼬리에
굵은 갈색 띠가 있다. 이동하는 봄, 가을에 드물게 관
찰된다. 나뭇가지에 앉았다가 날아다니는 곤충이 보
이면 잡아서 제자리로 돌아온다.

솔딱새과

크기 13~14cm
사는 곳 숲
나타나는 때 봄, 가을
먹이 곤충
개체수 적음

1 암컷은 꼬리에 굵은 갈색 띠가 있다.　2 어린 새는 날개에 흰 반점이 없고, 눈썹선도 희미하다.　3 부리에 가늘고 뻣뻣한 털이 있다.　4 이동 경로를 알기 위해 다리에 가락지를 끼운 개체.

○ 수컷이 이동하다가 바위에서 쉰다.(위)
○ 꼬리 가장자리가 흰색이다.(아래)

흰꼬리딱새Taiga Flycatcher

앉거나 이동할 때 꼬리를 치켜든다. 꼬리 바깥쪽 깃은
흰색이다. 수컷은 목이 주황색, 몸 윗면은 갈색을 띠
는 회색이다. 나뭇가지에 앉았다가 날아다니는 곤충
을 잡아서 제자리로 돌아오거나, 땅에 내려앉아 먹이
를 잡은 뒤 즉시 되돌아간다. 봄, 가을에 관찰되지만
희귀하다.

솔딱새과

크기 11~12cm
사는 곳 탁 트인 숲,
　　　공원
나타나는 때 봄, 가을
먹이 곤충
개체수 희귀함

394

ㅇ턱부터 가슴까지 주황색을 띤다.

솔딱새과

크기 12cm
사는 곳 숲, 공원
나타나는 때 불규칙함
먹이 곤충
개체수 아주 희귀함

붉은가슴흰꼬리딱새 Red-breasted Flycatcher

앉거나 이동할 때 꼬리를 치켜든다. 수컷은 턱부터 가슴까지 주황색이 뚜렷하다. 뺨은 회색을 띠고, 몸 윗면은 갈색을 띠는 회색이다. 꼬리 가장자리는 흰색이다. 2003년 전라북도 군산 어청도에서 처음 관찰되었다.

ㅇ수컷은 몸 윗면이 푸르다.

큰유리새Blue-and-White Flycatcher

수컷은 이마부터 꼬리까지 푸른색을 띤다. 목과 뺨, 가슴은 검은색으로, 흰 배와 대조된다. 암컷은 몸 윗면이 갈색이다. 번식기가 되면 수컷은 아름다운 소리로 암컷을 유혹한다. 계곡의 흙벽이나 바위 틈에 이끼로 둥지를 만들고, 흰색 알을 낳는다. 알은 암컷이 품고, 새끼는 암수가 같이 키운다.

솔딱새과	
크기 16~17cm	
사는 곳 숲, 공원	
나타나는 때 여름	
먹이 곤충	
개체수 흔함	

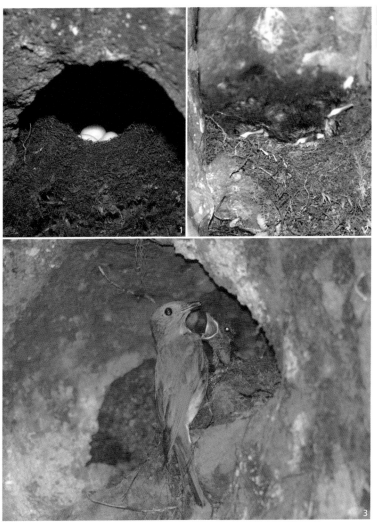

1 알은 보통 3~5개 낳는다.　2 이끼로 지은 둥지에서 새끼들이 어미를 기다린다.　3 암컷이 새끼에게 먹이를 먹인다.

o 온몸이 파랗다.

파랑딱새 Verditer Flycatcher

수컷의 온몸이 파란색이라 붙은 이름이다. 암컷은 몸
빛이 수컷에 비해 옅다. 탁 트인 숲이나 나무가 들어
선 곳에 살며, 크고 작은 나무 사이를 재빠르게 날아
다니며 곤충을 잡아먹는다. 히말라야, 인도 북동부,
중국 남동부 등에 주로 분포하며, 2002년 전라남도
신안 흑산도와 가거도에서 처음 발견되었다.

솔딱새과	
크기	17cm
사는 곳	숲
나타나는 때	불규칙함
먹이	곤충
개체수	아주 희귀함

o 옆목에 파란 반점이 있다.

솔딱새과

크기 18cm
사는 곳 숲, 공원
나타나는 때 불규칙함
먹이 곤충
개체수 아주 희귀함

붉은가슴딱새Fujian Niltava

옆목에 파란색 초승달 모양 반점이 있다. 수컷은 몸 윗면이 파란색이고, 턱과 옆목은 검은색이며, 가슴과 옆구리는 주황색이다. 암컷은 몸 윗면이 어두운 갈색으로 큰유리새 암컷과 비슷하지만, 옆목에 있는 반점으로 구별된다. 2010년 11월 제주 마라도에서 처음 관찰되었다.

o 새끼들을 위해 먹이를 잡아 둥지로 간다.(위)
o 막 둥지를 떠나 어미를 따라다니는 새끼.(아래)

물까마귀Brown Dipper

몸빛은 어두운 갈색이며, 꼬리가 짧다. 계곡이나 물가 근처에서 생활하며, 물 속에 사는 곤충이나 애벌레를 잡아먹는다. 어린 새는 몸 전체에 흰 반점이 있다. 이동할 때 물 위를 낮게 날며, 바위에 서 있을 때는 꼬리를 위아래로 흔든다.

물까마귀과

크기 21~23cm
사는 곳 산간 계곡의 물가
나타나는 때 1년 내내
먹이 수서곤충, 애벌레
개체수 흔함

○수컷이 나뭇가지에 앉아 주변을 살핀다.(위)
○암컷이 열매를 먹는다.(아래)

참새과

크기 13cm
사는 곳 숲, 농경지,
　　　　인가
나타나는 때 여름, 겨울
먹이 씨앗
개체수 흔함

섬참새Russet Sparrow

참새와 비슷하게 생겼으나, 옆목에 검은 반점이 없다. 수컷은 이마부터 등까지 붉은빛을 띠는 갈색이다. 암컷은 몸 윗면이 회색을 띠는 갈색이고, 노란빛이 도는 흰색 눈썹선이 있다. 울릉도에서 흔하게 번식하고, 동해안에서 겨울을 난다.

o 둥지 만들 재료를 물고 있다.(위)
o 무리지어 먹이를 먹는다.(왼쪽)
o 어미가 새끼에게 먹이를 먹인다.
  (오른쪽)

참새 Eurasian Tree Sparrow

사람과 더불어 살아 온 새다. 몸 윗면은 갈색이고, 옆
목에 검은 반점이 있다. 가을과 겨울에는 무리지어 생
활한다. 나무나 땅 위에서 먹이를 찾으며, 두 다리로
통통 뛰어다닌다. 저녁이 되면 나무에 모여들어 잔다.

참새과

크기 14~15cm
사는 곳 인가 근처,
  농경지
나타나는 때 1년 내내
먹이 낟알, 씨앗
개체수 흔함

○나뭇가지에 앉아 주변을 살핀다.

납부리새과

크기 11cm
사는 곳 농경지, 초지
나타나는 때 불규칙함
먹이 풀씨
개체수 아주 희귀함

얼룩무늬납부리새 Scaly-breasted Munia

몸 윗면이 갈색이고 아랫면은 회색을 띠며, 가슴과 배에 비늘 무늬가 뚜렷하다. 부리는 검고 두껍다. 2003년 인천 소청도에서 처음 관찰되었으며, 2009년 제주도에서도 관찰된 적이 있다.

○바위가 많은 산에서 주로 생활한다.

바위종다리Alpine Accentor

바위종다리과

크기 17~19cm
사는 곳 산악 지대
나타나는 때 겨울
먹이 곤충, 거미
개체수 적음

머리와 목, 뒷목, 가슴은 갈색을 띠는 회색이고, 등과 배, 꼬리는 갈색이다. 아랫부리는 노랗고 끝이 검으며, 윗부리는 검다. 바위가 많은 산이나 계곡의 바위 근처에서 생활한다. 나뭇가지에 앉는 일은 드물고, 대부분 바위에 있다. 곤충과 거미를 잡아먹는다.

○ 나뭇가지에 앉아 주변을 살핀다.

바위종다리과

크기 15cm
사는 곳 덤불
나타나는 때 겨울
먹이 씨앗, 곤충, 거미
개체수 흔함

멧종다리Siberian Accentor

이마부터 뒷머리까지 검은색이고, 옅은 갈색 눈썹선이 뚜렷하다. 눈선은 검은색이고, 목과 가슴, 옆구리는 옅은 갈색이다. 눈 아래 노란색 반점이 있다.

o 나뭇가지에 앉아 주변을 살핀다.

물레새Forest Wagtail

머리부터 등까지 녹색을 띠는 갈색이고, 연노란색 눈썹선이 있다. 배는 희고, 옆구리에 갈색이 돌며, 가슴에 있는 검은 무늬가 돋보인다. 꼬리는 다른 할미새류에 비해 조금 짧고, 앉거나 걸을 때 좌우로 흔든다. 숲 속에서 먹이를 찾아 돌아다니며, 공중으로 날아올라 곤충을 잡아먹기도 한다.

할미새과

크기 15~16cm
사는 곳 숲
나타나는 때 여름
먹이 곤충
개체수 흔하지 않음

○샛노란 머리가 인상적인 수컷.

크기 16~17cm
사는 곳 농경지, 논,
　　　　풀밭
나타나는 때 불규칙함
먹이 곤충
개체수 아주 희귀함

노랑머리할미새Citrine Wagtail

암수의 깃 색깔이 확연히 다르다. 수컷은 머리와 목, 가슴, 배가 샛노랗다. 암컷은 얼굴에 노란색과 회색이 섞였고, 목과 배는 연노란색이다. 지난 1999년 제주도 하도리에서 수컷 한 마리가 처음 관찰되었다.

○ 곤충을 찾으려고 풀에 앉았다.

긴발톱할미새Yellow Wagtail

몸이 날씬하고 꼬리가 길다. 몸 윗면은 노란빛이 도는 회색이고, 아랫면은 노란색이다. 노란 눈썹선이 뚜렷하며, 부리와 다리는 검다. 겨울이 되면 몸의 노란색이 옅어진다. 봄과 가을에 무리지어 이동하며, 풀이나 밭작물 위에서 곤충을 잡아먹는다.

할미새과

크기 16~17cm
사는 곳 물가의 풀밭, 논
나타나는 때 봄, 가을
먹이 곤충
개체수 흔함

1 북방긴발톱할미새는
눈썹선이 없다.
2 추수한 논에서 먹이를
먹다가 주변을 살핀다.
3 어린 새는 몸에
노란색이 거의 없다.

o 턱과 목이 검은 수컷.(위)
o 암컷이 잡은 새우를 먹으려 한다.
(왼쪽)
o 갓 둥지를 떠난 새끼.(오른쪽)

노랑할미새Grey Wagtail

머리와 등이 어두운 회색이고, 날개는 검은색, 눈썹선
과 턱선은 흰색이다. 검은 꼬리는 가장자리가 희고,
다리는 분홍색이어서 다른 할미새류와 구별된다. 배
와 허리는 노랗다. 수컷은 턱과 목이 검다. 벼랑이나
돌담 틈에 둥지를 짓는다. 얕은 물이 흐르는 개울가
에서 꼬리를 까딱거리며 걸어다닌다.

할미새과

크기 20cm
사는 곳 얕은 개울
나타나는 때 1년 내내
먹이 곤충, 갑각류
개체수 흔함

○ 먹이를 찾아 얕은 물가를
어슬렁거린다.(위)
○ 땅에 둥지를 짓고 알을 낳는다.
(왼쪽)
○ 부리를 크게 벌릴수록 먹이를
받아 먹을 가능성이 높다.(오른쪽)

할미새과

크기 18~20cm
사는 곳 개울, 농경지
나타나는 때 여름
먹이 곤충
개체수 흔함

알락할미새White Wagtail

흰 얼굴에 눈선이 없어 깔끔하다. 검은 꼬리는 가장
자리가 희다. 수컷은 뒷머리와 등, 가슴이 검지만, 암
컷은 회색이다. 우리 나라에는 번식하기 위해 찾아온
다. 번식을 마친 알락할미새들은 저녁이 되면 나무에
모여서 잔다.

○ 검은 머리에 흰 눈썹선이 뚜렷하다.(위)
○ 물가에 돌아다니며 곤충을 잡아먹는다.(아래)

검은등할미새Japanese Wagtail

머리와 목, 가슴, 등, 꼬리는 검은색이고 나머지는 흰
색이다. 흰 눈썹선이 뚜렷하다. 물이 흐르는 얕은 개
울에서 곤충을 잡아먹는다.

할미새과

크기 21cm
사는 곳 개울, 강, 물가
나타나는 때 1년 내내
먹이 곤충
개체수 흔하지 않음

o 곤충을 잡는다.(위)
o 땅에서 먹이를 찾는 모습.(아래)

할미새과

크기 18cm
사는 곳 풀밭, 농경지
나타나는 때 봄, 가을
먹이 곤충
개체수 적음

큰밭종다리Richard's Pipit

우리 나라에 오는 밭종다리류 중에 가장 크다. 몸빛은 갈색이고, 연한 갈색 눈썹선이 뚜렷하다. 머리와 가슴에 가늘고 검은 줄무늬가 있다. 꼬리와 다리, 뒷발가락 발톱이 길다. 주로 땅 위에 걸어다니며 먹이를 찾는다.

o 풀밭에서 먹이를 찾아 돌아다닌다.

쇠밭종다리 Blyth's Pipit

몸빛은 전체적으로 갈색을 띠고, 옅은 노란색 눈썹선
이 있으나 뚜렷하지 않다. 등과 날개는 진한 갈색에
검은 반점이 있다. 땅 위에 걸어다니며 먹이를 잡아먹
는다. 큰밭종다리와 비슷하지만, 뒷발가락 발톱이 다
소 짧다.

할미새과	
크기	17cm
사는 곳	농경지, 풀밭
나타나는 때	봄, 가을
먹이	곤충
개체수	적음

○바위에서 주변을 경계한다.

할미새과

크기 15cm
사는 곳 숲, 덤불
나타나는 때 불규칙함
먹이 곤충
개체수 아주 희귀함

나무밭종다리Tree Pipit

몸 윗면은 노란빛을 띠는 갈색이고, 아랫면은 노란빛을 띠는 흰색이다. 눈썹선은 옅은 갈색이고, 다리는 분홍색이다. 가슴에 검은 세로줄이 있다. 2000년 전라남도 신안 가거도에서 처음 관찰되었다.

○ 가슴부터 윗배까지 검은 반점이 세로로 늘어섰다.(위)
○ 눈썹선 밑에 흰 반점이 있다.(아래)

힝둥새Olive-backed Pipit

머리와 등, 날개는 갈색을 띠는 녹색이다. 흰 눈썹선
과 그 밑에 반점이 뚜렷하다. 가슴부터 윗배까지 검은
반점이 세로로 늘어섰다. 놀라거나 위험을 느끼면 나
무나 전깃줄에 날아오르며 꼬리를 계속 흔든다.

할미새과

크기 15~16cm
사는 곳 숲,
　　　숲 가장자리
나타나는 때 봄, 가을,
　　　겨울
먹이 곤충, 씨앗
개체수 흔함

ㅇ바위에 앉아 주변을 살핀다.(위)
ㅇ바위에 서서 주변을 살핀다.(아래)

할미새과

크기 14cm
사는 곳 농경지
나타나는 때 봄, 가을
먹이 곤충, 씨앗
개체수 적음

흰등밭종다리Pechora Pipit

어두운 갈색 등에 검은 줄무늬 한 개와 흰 줄무늬 두 개가 있다. 몸 아랫면은 희고, 조금 굵은 검은색 줄무늬가 있다. 뒷발가락 발톱이 매우 길다. 주로 땅에서 먹이를 찾으며, 가끔 나무에 앉기도 한다. 땅이나 나무에서 꼬리를 계속 위아래로 흔든다.

ㅇ바위에서 쉰다.

한국밭종다리 Rosy Pipit

할미새과

크기 16cm
사는 곳 풀밭, 농경지
나타나는 때 봄, 가을
먹이 곤충, 씨앗
개체수 희귀함

여름과 겨울에 몸빛이 다르다. 여름에는 눈썹선과 몸 아랫면이 분홍색을 띠고, 몸 윗면은 회색을 띠는 녹색이다. 겨울이 되면 분홍색이 사라지고, 뺨에 작은 흰색 반점이 생긴다. 풀밭에 돌아다니며 먹이를 주워 먹는다. 남해안 섬에서 주로 관찰된다.

○머리와 얼굴, 목, 가슴이 붉다.

할미새과

크기 15cm
사는 곳 농경지, 풀밭,
바닷가
나타나는 때 봄, 가을
먹이 곤충, 씨앗
개체수 적음

붉은가슴밭종다리Red-throated Pipit

머리와 얼굴, 목, 가슴이 붉은색이고, 나머지 부분은
연한 갈색이다. 머리꼭대기에 가늘고 검은 줄무늬가
있으며, 옆구리에도 검은 줄무늬가 있다. 봄과 가을에
주로 관찰된다. 곤충을 즐겨 먹지만, 겨울에는 작은
씨앗을 먹기도 한다.

o 바위에서 주변을 살핀다.(위)
o 몸 아랫면에 검은 반점이 줄지어 있다.(아래)

밭종다리 Buff-bellied Pipit

몸 윗면은 어두운 갈색이고, 아랫면은 흰 바탕에 검은 반점이 세로로 줄지어 있다. 눈썹선이 선명하지 않다. 봄과 가을에 무리지어 이동하며, 겨울에는 먹이를 찾기 위해 떼지어 날아다니는 모습이 눈에 띈다.

할미새과

크기 16cm
사는 곳 농경지, 개울, 호수
나타나는 때 봄, 가을, 겨울
먹이 곤충, 씨앗
개체수 흔함

ㅇ겨울에 땅 위를 돌아다니며 먹이를 찾는다.

할미새과

크기 16cm
사는 곳 풀밭, 강가
나타나는 때 봄, 가을,
　　　　　　　겨울
먹이 풀씨
개체수 희귀함

옅은밭종다리Water Pipit

몸 윗면은 회색을 띠는 갈색이고, 옅은 갈색 눈썹선이 눈앞까지 이어진다. 가슴에 어두운 갈색 세로줄 무늬가 있고, 다리는 검은색이다. 강가나 습지 주변에서 주로 관찰되지만, 간혹 바닷가 풀밭에서도 볼 수있다.

○ 숲 속에서 고인 물을 먹는다.(위)
○ 무리지어 날아다닌다.(아래)

되새Brambling

머리와 등, 날개, 꼬리는 검은색이고, 턱과 목, 가슴, 어깨깃은 주황색, 허리는 흰색이다. 노란 부리는 두꺼우며, 꼬리는 가운데가 파였다. 겨울에 흔히 볼 수 있고, 무리지어 생활한다. 우리 나라에 찾아오는 수는 해마다 다르다.

되새과

크기 16cm
사는 곳 농경지, 숲
나타나는 때 겨울
먹이 낟알, 씨앗
개체수 흔함

o 민들레 씨앗을 까 먹는다.(위)
o 나뭇가지에 앉았다.(왼쪽)
o 어린 새는 몸에 검은 반점이
  줄지어 있다.(오른쪽)

되새과

크기 14~15cm
사는 곳 농경지, 숲
나타나는 때 1년 내내
먹이 씨앗
개체수 흔함

방울새 Grey-capped Greenfinch

날개와 꼬리에 있는 노란 반점이 특징이다. 머리는 녹색을 띠는 갈색이고, 등과 배는 갈색이다. 암컷은 몸빛이 다소 옅다. 두꺼운 부리로 씨앗의 단단한 껍데기를 깨뜨려 속을 꺼내 먹는다. 동요 '방울새'에서는 방울새 울음소리를 '또로롱'이라고 표현했다.

o 머리꼭대기와 턱이 검은 수컷.(위)
o 암컷. 침엽수림을 좋아한다.(아래)

검은머리방울새Eurasian Siskin

겨울에 수십, 수백 마리가 무리지어 돌아다닌다. 수컷
은 몸빛이 노랗고, 머리꼭대기와 턱은 검다. 암컷은
머리꼭대기와 가슴, 배에 검은 줄무늬가 있다. 침엽
수림을 좋아하며, 끝이 뾰족한 부리로 작은 솔방울의
씨앗을 꺼내 먹는다.

되새과
크기 12~13cm
사는 곳 숲, 침엽수림
나타나는 때 겨울
먹이 씨앗
개체수 흔함

되새과

크기 14cm
사는 곳 숲, 공원
나타나는 때 겨울
먹이 씨앗, 열매
개체수 적음

홍방울새Common Redpoll

이마는 짙은 분홍색이고, 턱은 검은색이다. 등과 허리
는 갈색을 띠며, 검은 세로줄 무늬가 있다. 검은 꼬리
가 오목하게 들어갔다. 수컷은 목과 가슴이 분홍색이
지만, 암컷은 분홍색이 없다.

ㅇ이동하다가 지쳐 바닷가 바위에서 쉰다.

갈색양진이Asian Rosy Finch

머리꼭대기와 뺨, 턱은 검은색이고, 뒷머리부터 뒷목
까지 갈색을 띤다. 날개와 배는 검은색이고, 분홍색
반점이 있다. 다리는 검은색이다. 우리 나라에서 겨울
을 나지만, 봄에 가끔 섬 지역에서 관찰되기도 한다.

되새과

크기 16cm
사는 곳 산림, 농경지
나타나는 때 겨울
먹이 씨앗
개체수 희귀함

○ 수컷이 씨앗을 깨서 속을 먹는다.(위)
○ 암컷이 먹이를 먹다가 주변을 살핀다.(아래)

되새과

크기 18cm
사는 곳 덤불
나타나는 때 겨울
먹이 풀씨
개체수 흔함

긴꼬리홍양진이Lonf-tailed Rosefinch

부리가 짧고 꼬리는 길며, 날개에 흰 띠가 있다. 수컷은 등과 허리, 가슴과 배가 붉은색이고, 머리와 뺨은 흰색이다. 암컷은 몸빛이 전체적으로 옅은 갈색이다. 덤불 사이로 돌아다니며 풀씨를 먹는다.

○ 수컷이 나뭇가지에서 이동한다.(위)
○ 암컷이 갈대 줄기를 잡고 주변을 살핀다.(아래)

붉은양진이Common Rosefinch

수컷은 몸빛이 전체적으로 붉은색을 띠어 화려하다.
암컷은 갈색이 나는 어두운 회색으로, 가슴과 배에
세로줄 무늬가 있다. 땅이나 나무에서 씨앗, 나무의
새순을 먹는다.

되새과
크기 14cm
사는 곳 숲
나타나는 때 봄, 가을
먹이 씨앗, 새순
개체수 적음

○ 수컷은 몸빛이 붉고, 이마와 턱에 흰 반점이 있다.(위)
○ 암컷은 몸 아랫면이 주황색이고, 어두운 갈색 세로줄
   무늬가 있다.(아래)

되새과

크기 15cm
사는 곳 숲, 농경지
나타나는 때 겨울
먹이 씨앗, 열매
개체수 흔함

양진이 Pallas's Rosefinch

수컷은 머리와 등, 가슴이 진한 붉은색이고, 이마와 턱에 흰 반점이 있다. 암컷은 이마와 앞목, 가슴, 윗배가 주황색이고, 어두운 갈색 세로줄이 있다. 겨울에 흔히 관찰되며, 무리지어 생활한다. 겨울에는 조, 피, 벼나 콩과의 씨앗을 주로 먹는다.

ㅇ엇갈린 부리로 솔방울의 씨앗을 꺼내 먹는다.

솔잣새 Red Crossbill

부리 끝이 가늘고 날카로우며, 위아래가 엇갈린다.
수컷은 몸빛이 붉은색을 띠는 주황색이고, 암컷은 녹
색을 띠는 노란색이다. 소나무, 잣나무 등이 있는 침
엽수림을 좋아한다. 해마다 우리 나라에 오는 수가
다르며, 3~5년 간격으로 개체수가 달라진다.

되새과

크기 16~17cm
사는 곳 침엽수림
나타나는 때 겨울
먹이 씨앗
개체수 흔하지 않음

○나뭇가지에 앉아 열매를 먹는다.

되새과

크기 15~16cm
사는 곳 숲, 정원
나타나는 때 겨울
먹이 새순, 씨앗, 곤충
개체수 흔하지 않음

멋쟁이새Eurasian Bullfinch

몸은 통통하게 보인다. 머리꼭대기와 이마, 턱이 검은 색이고, 허리는 흰색이다. 수컷은 뺨과 목이 붉다. 암 컷은 몸에 붉은 기가 없고 회갈색을 띤다. 식물의 눈 이나 잎을 먹는다. 작은 무리가 주로 나무 위에서 생 활한다.

○ 땅에 떨어진 나무 열매를 찾아 먹는다.

콩새Hawfinch

턱에 검은 반점이 있으며, 두꺼운 부리는 옅은 살구색이고, 머리는 갈색이다. 날 때 검은 날개에 흰 무늬가 눈에 띈다. 겨울에 작은 무리를 지어 생활한다. 나무 위에서 주로 지내지만, 땅 위에 걸어다니며 씨앗을 찾아 먹기도 한다.

되새과
크기 18cm
사는 곳 숲, 공원
나타나는 때 겨울
먹이 씨앗, 열매
개체수 흔함

○ 땅에서 먹이를 찾아 먹는다.(위)
○ 나무 꼭대기에 앉아 주변을 살핀다.(아래)

되새과

크기 18~19cm
사는 곳 숲, 정원
나타나는 때 여름
먹이 씨앗, 열매
개체수 흔하지 않음

밀화부리Yellow-billed Grosbeak

두꺼운 부리는 주황빛이 도는 노란색이며, 끝이 검다. 수컷은 머리와 날개, 꼬리가 검은색이고, 옆구리는 주황색이며, 날개에 흰 반점이 있다. 암컷은 머리에 검은 부분이 없고, 몸빛이 갈색을 띤다. 번식기가 아닌 때는 무리지어 생활한다. 나뭇가지에서 먹이를 찾지만, 땅에 떨어진 열매를 주워 먹기도 한다.

433

○ 땅에 떨어진 나무 열매를 찾아 먹는다.(위)
○ 부리는 단단한 나무 열매 껍데기를 깰 수 있을 정도로 강하다.(아래)

큰부리밀화부리 Japenese Grosbeak

되새과

크기 21~23cm
사는 곳 숲, 공원
나타나는 때 겨울
먹이 씨앗, 열매
개체수 적음

부리가 노랗고, 밀화부리에 비해 두껍다. 날개에 흰 반점이 뚜렷하다. 수컷은 머리의 검은 부분이 밀화부리보다 좁다. 날개와 꼬리는 검고, 몸빛은 회색을 띤다. 암컷은 머리에 검은 부분이 없고, 몸빛이 옅은 갈색이다. 겨울에는 나무나 땅에서 열매를 찾아 돌아다닌다. 제주도에서 적은 수가 겨울을 난다.

○바닷가 바위에서 주변을 살핀다.

흰머리멧새 Pine Bunting

수컷은 머리꼭대기와 뺨에 흰색이 뚜렷하고, 턱과 목은 밤색이며, 배는 흰색이다. 암컷은 머리가 회색을 띠는 갈색이고, 검은색 줄무늬가 있다. 드물게 겨울에 우리 나라로 오기도 한다. 풀씨를 찾아 먹는다.

○ 귤에 앉아 쉰다.(위)
○ 암컷이 마른 풀 사이에서 씨앗을 찾는다.(아래)

멧새Meadow Bunting

멧새과	
크기	16~17cm
사는 곳	농경지
나타나는 때	1년 내내
먹이	곤충, 씨앗
개체수	흔함

턱과 목이 희고, 머리를 제외한 몸 전체가 갈색을 띠며, 흰 눈썹선이 뚜렷하다. 암컷은 몸빛이 옅다. 풀숲이나 관목 숲의 땅 위, 풀 줄기 사이에 마른 풀 줄기와 풀뿌리 등으로 둥지를 튼다. 새끼를 먹일 때 먹이를 물고 둥지에서 약간 떨어진 곳에 내려앉았다가 조심스럽게 둥지로 찾아간다.

o 땅에서 먹이를 찾는다.(위)
o 수컷은 옆목에 흰 반점이 뚜렷하다.(아래)

멧새과

크기 14~15cm
사는 곳 농경지, 숲
나타나는 때 봄, 가을
먹이 곤충, 씨앗
개체수 흔함

흰배멧새Tristram's Bunting

등과 날개, 가슴, 옆구리는 갈색이고, 머리는 검은색
이다. 머리꼭대기와 눈썹선, 턱선, 배는 흰색이고, 옆
목에 흰 반점이 있다. 주로 땅 위에서 먹이를 찾는다.
이동하는 봄, 가을에 흔히 관찰된다. 곤충과 씨앗을
먹는다.

○ 붉은 뺨이 특징이다.(위)
○ 먹이를 머은 뒤 바위에서 주변을 살핀다.(왼쪽)
○ 암컷은 수컷에 비해 가슴의 선이 뚜렷하지 않다.(오른쪽)

붉은뺨멧새Chestnut-eared Bunting

뺨이 붉고, 옆목에 흰 반점이 있다. 수컷은 가슴과 배의 경계 부분에 갈색 선이 있고, 가슴의 검은 반점이 눈에 띄며, 허리는 갈색이다. 암컷은 몸빛이 흐리다. 우리 나라에서 번식하는 새로, 땅이나 나무에서 먹이를 찾는다.

멧새과

크기 16cm
사는 곳 숲, 농경지
나타나는 때 여름
먹이 곤충, 씨앗
개체수 흔하지 않음

o 풀밭에서 애벌레를 잡아먹는다.(위)
o 풀에서 먹이를 먹는다.(아래)

멧새과

크기 13cm
사는 곳 풀밭, 농경지
나타나는 때 봄, 가을,
　　　　　　　겨울
먹이 곤충, 씨앗
개체수 흔하지 않음

쇠붉은뺨멧새Little Bunting

멧새류 중에 가장 작은 종이며, 얼굴이 붉다. 봄과 가을에 작은 무리가 우리 나라를 지나가며, 일부는 따뜻한 남부 지방에서 겨울을 나기도 한다. 땅이나 나무에서 먹이를 찾는다. 다른 멧새류와 마찬가지로 곤충과 씨앗을 먹는다.

○ 풀밭에서 먹이를 찾는다.

노랑눈썹멧새 Yellow-browed Bunting

눈썹선이 노랗고, 눈썹선 아래 작고 둥근 흰색 무늬
가 보인다. 목과 옆구리에 가는 갈색 줄무늬가 있고,
암컷은 수컷보다 몸빛이 옅다. 이동하는 봄, 가을에
제주도를 비롯한 섬 지역에서 주로 관찰된다.

멧새과

크기 15cm
사는 곳 숲, 농경지
나타나는 때 봄, 가을
먹이 곤충, 풀씨
개체수 흔하지 않음

o눈이 내린 땅에서 주변을 살핀다.

멧새과

크기 15cm
사는 곳 숲, 농경지
나타나는 때 겨울
먹이 씨앗, 곤충
개체수 흔함

쑥새Rustic Bunting

머리깃이 짧고, 옆목에 작고 흰 반점이 있다. 허리는
짙은 갈색이며, 흰 비늘 무늬가 있다. 가슴과 옆구리
도 짙은 갈색이며, 암컷은 이곳에 반점이 세로로 줄지
어 있다. 겨울에는 무리지어 생활하고, 주로 땅 위에
서 뛰어다니며 풀씨를 찾아 먹는다.

○새끼를 먹이기 위해 먹이를 물고 있다.

노랑턱멧새 Yellow-throated Bunting

눈썹선과 턱, 목이 노랗고, 옆구리에 갈색 세로줄 무늬가 있다. 수컷은 검은 머리깃이 특징이며, 검은 눈선이 굵고, 가슴에 검은 무늬가 있다. 암컷은 몸빛이 옅다. 우리 나라에서 흔히 번식하고, 관목의 가지나 나무 뿌리가 있는 땅 위에 밥그릇 모양 둥지를 튼다.

멧새과

크기 15~16cm
사는 곳 숲, 덤불이 있는 농경지
나타나는 때 1년 내내
먹이 곤충, 풀씨
개체수 흔함

442

1 턱이 노랗다.   2 겨울에는 풀씨를 먹는다.   3 둥지에서 어미를 기다리는 새끼들.

○ 풀밭에서 풀씨를 먹는다.

검은머리촉새 Yellow-breasted Bunting

수컷은 뺨과 턱, 목이 검은색이다. 뒷머리와 뒷목은
짙은 밤색이고, 가슴과 배는 노란색이다. 암컷은 수
컷보다 몸빛이 옅다. 이동하는 봄, 가을에 제주도를
비롯한 섬 지역에서 드물게 관찰된다.

멧새과

크기 16cm
사는 곳 숲, 농경지
나타나는 때 봄, 가을
먹이 씨앗, 곤충
개체수 흔하지 않음

o 나뭇가지에서 주변을 살핀다.(위)
o 나뭇가지 사이로 돌아다니기도 한다.(아래)

멧새과

크기 13~14cm
사는 곳 숲, 농경지
나타나는 때 봄, 가을
먹이 풀씨, 곤충
개체수 흔함

꼬까참새Chestnut Bunting

수컷은 머리를 포함한 몸 윗면과 가슴 위쪽이 적갈색
이고, 가슴 아래쪽은 노란색, 옆구리는 어두운 회색이
다. 암컷은 몸 윗면에 회갈색과 흑갈색 반점이 있고,
허리는 적갈색이며, 연노란색 눈썹선이 있다. 땅 위에
돌아다니며 풀씨를 즐겨 먹는다.

ㅇ이동하다가 잠시 파이프에 앉아 쉰다.

무당새Yellow Bunting

머리와 등은 회색을 띠는 노란색이고, 몸 아랫면은
노란색이다. 흰색 눈테가 뚜렷하다. 날개에 흰 선이
두 개 있다. 땅 위나 풀숲에서 풀씨를 찾아 먹는다.
남부 섬 지역에서 주로 관찰된다.

멧새과

크기 14cm
사는 곳 숲, 농경지
나타나는 때 봄, 가을
먹이 풀씨
개체수 적음

○낙엽 속에서 먹이를 찾는다.

멧새과

크기 16cm
사는 곳 숲, 덤불
나타나는 때 겨울
먹이 씨앗, 곤충
개체수 희귀함

검은멧새Grey Bunting

수컷은 전체적으로 푸른빛이 도는 회색인데, 다소 어둡다. 부리와 다리는 분홍색이다. 암컷은 몸빛이 갈색을 많이 띠고, 가슴과 배에 어두운 갈색 세로줄 무늬가 있다. 주로 땅 위에서 먹이를 찾는다.

○ 나뭇가지에 앉은 수컷.

촉새Black-faced Bunting

수컷은 머리와 목, 가슴이 녹색을 띠는 검은색이고, 배가 노랗다. 암컷은 몸빛이 옅다. 이동하는 봄과 가을에 흔히 관찰되며, 드물게 우리 나라에서 겨울을 나기도 한다. 목과 몸 아랫면이 선명한 노란색을 띠는 섬촉새는 남부 지방에서 관찰된다.

멧새과

크기 16cm
사는 곳 숲, 농경지
나타나는 때 봄, 가을, 겨울
먹이 씨앗, 곤충
개체수 흔함

1 암컷이 먹이를 먹는다.   2 수컷이 목욕하다가 주변을 살핀다.   3 가늘고 긴 발가락은 나뭇가지를 잡기에 좋다.

○ 씨앗을 먹다가 주변을 살핀다.

북방검은머리쑥새Pallas's Reed Bunting

여름에는 턱선을 제외한 머리 전체가 검은색이고, 날개와 등은 옅은 갈색이며, 목과 배는 흰색이다. 겨울에는 머리의 검은색이 사라진다. 다른 검은머리쑥새류에 비해 몸에 붉은 기가 없다. 겨울에 작은 무리를 지어 생활하며, 갈대밭이나 물가의 풀숲에서 잡초의 씨앗을 주로 먹는다.

멧새과

크기 14cm
사는 곳 물가, 갈대밭
나타나는 때 겨울
먹이 씨앗, 곤충
개체수 흔함

450

o 풀 줄기에서 주변을 살핀다.

멧새과

크기 15cm
사는 곳 습지의 풀밭,
　　　　갈대밭
나타나는 때 겨울
먹이 곤충, 거미
개체수 적음

쇠검은머리쑥새Japanese Reed Bunting

수컷은 여름에 머리와 턱, 목이 검은색이고, 등과 날
개는 붉은빛을 띠는 갈색이며 검은색 줄무늬가 있다.
겨울이 되면 검은색 부분이 옅어지고, 옅은 갈색 눈썹
선이 생긴다. 부리로 갈대를 벗겨 그 속에 사는 곤충
이나 거미를 찾아 먹는다.

o 억새에 앉아 주변을 경계하는 모습.

검은머리쑥새Common Reed Bunting

수컷은 여름에 머리와 턱, 앞목이 검은색이고, 뺨을
가로지르는 선과 몸 아랫면은 흰색이며, 등은 붉은빛
이 도는 갈색이다. 겨울에는 암컷과 비슷하다. 암컷은
머리와 뺨, 등이 갈색이며, 검은 줄무늬가 있다. 겨울
에 작은 무리를 지어 생활하며, 갈대밭이나 물가의 풀
밭에서 풀씨를 주로 먹는다.

멧새과

크기 16cm
사는 곳 갈대밭,
　　　　　물가의 풀밭
나타나는 때 겨울
먹이 풀씨
개체수 흔하지 않음

452

o 풀씨를 먹는다.(위)
o 바위에서 주변을 살핀다.(왼쪽)
o 머리깃을 세우며 경계한다.(오른쪽)

멧새과

크기 16~17cm
사는 곳 습지 주변
　　　　풀밭, 농경지
나타나는 때 겨울
먹이 풀씨, 곤충
개체수 흔하지 않음

긴발톱멧새 Lapland Longspur

다른 멧새류에 비해 발톱이 길다. 수컷은 여름에 머리와 뺨, 턱, 앞목, 가슴이 검은색이고, 뒷목은 붉은 빛을 띠는 갈색이다. 겨울이 되면 검은색이 옅어진다. 암컷은 검은색과 뒷목의 적갈색 기가 없다. 땅 위에 걸어다니며 풀씨를 먹는다.

멸종 위기의 새들

천연기념물 (46종)

197호 • 크낙새
198호 • 따오기
199호 • 황새
200호 • 먹황새
201-1호 • 고니
201-2호 • 큰고니
201-3호 • 혹고니
202호 • 두루미
203호 • 재두루미
204호 • 팔색조
205-1호 • 저어새
205-2호 • 노랑부리저어새
206호 • 느시
215호 • 흑비둘기
228호 • 흑두루미
242호 • 까막딱다구리
243-1호 • 독수리
243-2호 • 검독수리
243-3호 • 참수리
243-4호 • 흰꼬리수리
323-1호 • 참매
323-2호 • 붉은배새매
323-3호 • 개구리매

323-4호 • 새매
323-5호 • 알락개구리매
323-6호 • 잿빛개구리매
323-7호 • 매
323-8호 • 황조롱이
324-1호 • 올빼미
324-2호 • 수리부엉이
324-3호 • 솔부엉이
324-4호 • 쇠부엉이
324-5호 • 칡부엉이
324-6호 • 소쩍새
324-7호 • 큰소쩍새
325-1호 • 개리
325-2호 • 흑기러기
326호 • 검은머리물떼새
327호 • 원앙
361호 • 노랑부리백로
446호 • 뜸부기
447호 • 두견이
448호 • 호사비오리
449호 • 호사도요
450호 • 뿔쇠오리
451호 • 검은목두루미

멸종 위기 야생 생물 1급(12종)

혹고니
황새
저어새
노랑부리백로
매
흰꼬리수리

참수리
검독수리
두루미
청다리도요사촌
넓적부리도요
크낙새

멸종 위기 야생 생물 2급(49종)

개리
큰기러기
흰이마기러기
흑기러기
고니
큰고니
호사비오리
먹황새
따오기
노랑부리저어새
큰덤불해오라기
붉은해오라기
새호리기
물수리
벌매
솔개
독수리

잿빛개구리매
알락개구리매
붉은배새매
조롱이
새매
참매
큰말똥가리
항라머리검독수리
흰죽지수리
느시
뜸부기
재두루미
검은목두루미
흑두루미
검은머리물떼새
흰목물떼새
알락꼬리마도요

검은머리갈매기
고대갈매기
뿔쇠오리
흑비둘기
수리부엉이
올빼미
긴점박이올빼미
까막딱다구리
팔색조
긴꼬리딱새
뿔종다리
섬개개비
검은머리촉새
무당새
쇠검은머리쑥새

찾아보기

가

가마우지 • 101

가창오리 • 46

갈까마귀 • 297

갈매기 • 181

갈색양진이 • 426

갈색얼가니새 • 97

갈색제비 • 309

개개비 • 334

개개비사촌 • 321

개구리매 • 225

개꿩 • 124

개똥지빠귀 • 370

개리 • 22

개미잡이 • 270

검독수리 • 240

검둥오리 • 55

검둥오리사촌 • 54

검은가슴물떼새 • 123

검은꼬리사막딱새 • 383

검은다리솔새 • 336

검은댕기해오라기 • 85

검은등사막딱새 • 382

검은등할미새 • 412

검은딱새 • 380

검은머리갈매기 • 191

검은머리딱새 • 377

검은머리물떼새 • 118

검은머리방울새 • 424

검은머리쑥새 • 452

검은머리촉새 • 444

검은머리흰죽지 • 52

검은멧새 • 447

검은목논병아리 • 73

검은바람까마귀 • 289

검은슴새 • 68

검은이마직박구리 • 323

검은지빠귀 • 363

검은할미새사촌 • 279

고니 • 31

고대갈매기 • 192

고방오리 • 44

곤줄박이 • 306

괭이갈매기 • 180

구레나룻제비갈매기 • 200

군함조 • 98

굴뚝새 • 350

귀제비 • 314
금눈쇠올빼미 • 257
긴꼬리딱새 • 292
긴꼬리때까치 • 285
긴꼬리홍양진이 • 427
긴다리솔새사촌 • 339
긴발톱멧새 • 453
긴발톱할미새 • 408
긴부리도요 • 142
까마귀 • 299
까막딱다구리 • 274
까치 • 296
깝작도요 • 158
꺅도요 • 141
꺅도요사촌 • 140
꼬까도요 • 160
꼬까직박구리 • 386
꼬까참새 • 445
꼬마물떼새 • 127
꾀꼬리 • 288
꿩 • 212

나

나무발발이 • 352
나무밭종다리 • 415
넓적부리 • 41
넓적부리도요 • 171
노랑눈썹멧새 • 440
노랑눈썹솔새 • 341
노랑딱새 • 391

노랑때까치 • 284
노랑머리할미새 • 407
노랑발도요 • 159
노랑배솔새사촌 • 338
노랑배진박새 • 304
노랑부리백로 • 96
노랑부리저어새 • 78
노랑지빠귀 • 369
노랑턱멧새 • 442
노랑할미새 • 410
노랑허리솔새 • 340
녹색비둘기 • 246
논병아리 • 70
누른도요 • 175

다

대륙검은지빠귀 • 364
댕기물떼새 • 121
댕기흰죽지 • 51
덤불해오라기 • 80
독수리 • 224
동고비 • 351
동박새 • 348
되새 • 422
되솔새 • 343
되지빠귀 • 362
두견이 • 250
두루미 • 117
뒷부리도요 • 157
뒷부리장다리물떼새 • 120

457

들꿩 • 210
딱새 • 378
때까치 • 282
떼까마귀 • 298
뜸부기 • 109

마

마도요 • 148
말똥가리 • 235
매 • 218
매사촌 • 248
먹황새 • 74
멋쟁이새 • 431
메추라기 • 211
메추라기도요 • 169
멧도요 • 136
멧비둘기 • 242
멧새 • 436
멧종다리 • 405
목노리도요 • 176
무당새 • 446
물까마귀 • 400
물까치 • 295
물꿩 • 134
물닭 • 112
물때까치 • 287
물레새 • 406
물수리 • 219
물총새 • 268
민댕기물떼새 • 122

민물가마우지 • 100
민물도요 • 172
밀화부리 • 433

바

바늘꼬리도요 • 139
바늘꼬리칼새 • 262
바다비오리 • 59
바다쇠오리 • 206
바다오리 • 203
바다제비 • 69
바다직박구리 • 384
바람까마귀 • 291
바위종다리 • 404
박새 • 303
발구지 • 45
밤색날개뻐꾸기 • 247
방울새 • 423
밭종다리 • 420
벌매 • 220
벙어리뻐꾸기 • 252
부채꼬리바위딱새 • 379
북방개개비 • 330
북방검은머리쑥새 • 450
북방쇠찌르레기 • 353
분홍찌르레기 • 356
붉은가슴도요 • 161
붉은가슴딱새 • 399
붉은가슴밭종다리 • 419
붉은가슴울새 • 371

붉은가슴흰꼬리딱새 • 395
붉은가슴흰죽지 • 49
붉은갯도요 • 170
붉은머리오목눈이 • 346
붉은목지빠귀 • 368
붉은발도요 • 151
붉은발슴새 • 67
붉은배새매 • 228
붉은배지빠귀 • 367
붉은부리갈매기 • 190
붉은부리찌르레기 • 357
붉은부리큰제비갈매기 • 195
붉은뺨멧새 • 438
붉은양진이 • 428
붉은어깨도요 • 162
붉은왜가리 • 88
붉은해오라기 • 83
비늘무늬덤불개개비 • 322
비둘기조롱이 • 215
비오리 • 58
뻐꾸기 • 249
뿔논병아리 • 72
뿔쇠오리 • 207
뿔종다리 • 317
삑삑도요 • 155

사

산솔새 • 344
상모솔새 • 345
새매 • 230

새호리기 • 217
섬개개비 • 332
섬참새 • 401
세가락갈매기 • 193
세가락도요 • 164
소쩍새 • 254
솔개 • 221
솔딱새 • 388
솔부엉이 • 258
솔새 • 342
솔새사촌 • 337
솔잣새 • 430
송곳부리도요 • 174
쇠가마우지 • 102
쇠개개비 • 335
쇠검은머리쑥새 • 451
쇠기러기 • 25
쇠딱다구리 • 271
쇠뜸부기 • 106
쇠뜸부기사촌 • 107
쇠물닭 • 110
쇠박새 • 307
쇠밭종다리 • 414
쇠백로 • 93
쇠부리도요 • 146
쇠부리슴새 • 66
쇠부엉이 • 260
쇠붉은뺨멧새 • 439
쇠솔딱새 • 389
쇠오리 • 47
쇠유리새 • 374
쇠재두루미 • 113

쇠제비갈매기 • 197
쇠종다리 • 316
쇠찌르레기 • 354
쇠청다리도요 • 152
쇠칼새 • 264
쇠황조롱이 • 216
수리갈매기 • 182
수리부엉이 • 255
숲새 • 327
스윈호오목눈이 • 308
슴새 • 65
시베리아흰두루미 • 114
쏙독새 • 261
쑥새 • 441

아

아메리카메추라기도요 • 168
아메리카홍머리오리 • 39
아비 • 61
알락개구리매 • 227
알락꼬리마도요 • 149
알락꼬리쥐발귀 • 331
알락도요 • 156
알락뜸부기 • 103
알락쇠오리 • 205
알락오리 • 36
알락할미새 • 411
알락해오라기 • 79
알류산제비갈매기 • 198
양진이 • 429

어치 • 294
얼룩무늬납부리새 • 403
에위니아제비갈매기 • 199
열대붉은해오라기 • 82
염주비둘기 • 244
옅은밭종다리 • 421
옅은재갈매기 • 185
오목눈이 • 315
오색딱다구리 • 273
올빼미 • 256
왕눈물떼새 • 130
왕새매 • 234
왜가리 • 90
울새 • 376
원앙 • 35
유리딱새 • 375

자

장다리물떼새 • 119
재갈매기 • 184
재두루미 • 115
재때까치 • 286
잿빛개구리매 • 226
잿빛쇠찌르레기 • 355
저어새 • 76
적갈색흰죽지 • 50
제비 • 310
제비갈매기 • 196
제비딱새 • 387
제비물떼새 • 178

조롱이 • 232

좀도요 • 165

종다리 • 318

종달도요 • 167

줄무늬노랑발갈매기 • 187

중대백로 • 91

중백로 • 92

중부리도요 • 147

쥐발귀개개비 • 329

지느러미발도요 • 177

직박구리 • 324

진박새 • 305

진홍가슴 • 373

찌르레기 • 358

차

참매 • 233

참새 • 402

참수리 • 223

청다리도요 • 153

청다리도요사촌 • 154

청도요 • 137

청둥오리 • 40

청딱다구리 • 275

청머리오리 • 37

청호반새 • 267

촉새 • 448

칡때까치 • 281

칡부엉이 • 259

카

칼새 • 263

캐나다기러기 • 28

콩새 • 432

큰검은머리갈매기 • 189

큰고니 • 32

큰군함조 • 99

큰기러기 • 23

큰꺅도요 • 138

큰논병아리 • 71

큰덤불해오라기 • 81

큰뒷부리도요 • 145

큰말똥가리 • 236

큰물떼새 • 132

큰밭종다리 • 413

큰부리개개비 • 333

큰부리까마귀 • 300

큰부리도요 • 143

큰부리밀화부리 • 434

큰부리바다오리 • 202

큰부리제비갈매기 • 194

큰소쩍새 • 253

큰오색딱다구리 • 272

큰왕눈물떼새 • 131

큰유리새 • 396

큰재갈매기 • 188

큰회색머리아비 • 62

큰흰날개종다리 • 320

타

털발말똥가리 • 237

파

파랑딱새 • 398
파랑새 • 265
팔색조 • 276
푸른날개팔색조 • 278

하

학도요 • 150
한국동박새 • 349
한국뜸부기 • 108
한국밭종다리 • 418
한국재갈매기 • 186
할미새사촌 • 280
항라머리검독수리 • 238
해오라기 • 84
호랑지빠귀 • 361
호반새 • 266
호사도요 • 133
호사비오리 • 60
혹고니 • 30
혹부리오리 • 33
홍머리오리 • 38
홍방울새 • 425

홍비둘기 • 245
홍여새 • 302
황금새 • 392
황로 • 87
황새 • 75
황여새 • 301
황오리 • 34
황조롱이 • 214
회색기러기 • 24
회색머리아비 • 63
회색바람까마귀 • 290
후투티 • 269
휘파람새 • 328
흑기러기 • 29
흑꼬리도요 • 144
흑두루미 • 116
흑로 • 94
흑비둘기 • 241
흰갈매기 • 183
흰기러기 • 27
흰꼬리딱새 • 394
흰꼬리수리 • 222
흰꼬리좀도요 • 166
흰날개해오라기 • 86
흰눈썹뜸부기 • 104
흰눈썹바다오리 • 204
흰눈썹붉은배지빠귀 • 365
흰눈썹울새 • 372
흰눈썹지빠귀 • 360
흰눈썹황금새 • 390
흰등밭종다리 • 417

흰머리멧새 • 435

흰목물떼새 • 126

흰물떼새 • 128

흰배뜸부기 • 105

흰배멧새 • 437

흰배지빠귀 • 366

흰부리아비 • 64

흰비오리 • 57

흰뺨검둥오리 • 42

흰뺨오리 • 56

흰수염바다오리 • 208

흰이마기러기 • 26

흰점찌르레기 • 359

흰죽지 • 48

흰죽지꼬마물떼새 • 125

흰죽지수리 • 239

흰죽지제비갈매기 • 201

흰줄박이오리 • 53

흰턱제비 • 312

흰털발제비 • 313

힝둥새 • 416